无压熔渗制备高体积分数SiCp/Al复合材料及其性能研究

王庆平　吴玉程　著

合肥工业大学出版社

摘　要

高体积分数 SiCp/Al 复合材料不仅具有比强度高、耐磨性好等优良力学性能，还拥有高导热、低膨胀的热学性能。目前制备高体积分数 SiCp/Al 复合材料的方法主要有压力熔渗、注射成型等，制备工艺复杂且成本较高。与诸多制造工艺相比，SiC 预成型坯无压熔渗工艺具有近净成形能力强、设备投入少等优点。本文采用无压熔渗法成功制备了 SiCp/Al 复合材料，采用金相显微镜、扫描电镜（SEM）、透射电镜（TEM）、X 射线衍射仪（XRD）、能谱（EDS）等技术分析其渗透过程，深入研究其渗透机理；系统地研究了 SiCp/Al 复合材料的力学、热学性能，揭示了 SiC 含量、颗粒级配、复合材料的结构等与性能的关系和规律，为研制低成本、高导热、低膨胀的 SiCp/Al 复合材料提供了实验与理论依据。

本文首次采用 $Fe(NO_3)_3 \cdot 9H_2O/Ni(NO_3)_3 \cdot 6H_2O$ 为造孔剂，水玻璃为黏结剂，在 1000℃下烧结，制备了 SiC 预成型坯。研究表明，碳化硅发生氧化反应，$Fe(NO_3)_3 \cdot 9H_2O/Ni(NO_3)_3 \cdot 6H_2O$ 受热分解生成 Fe_2O_3/NiO；碳化硅粉体因其氧化产生的 SiO_2 膜、水玻璃的硬化作用以及 $Fe(NO_3)_3 \cdot 9H_2O/Ni(NO_3)_3 \cdot 6H_2O$分解形成的 Fe_2O_3/NiO 黏结而聚合在一起，形成陶瓷骨架。SiC 粉体间的本征孔隙和 $Fe(NO_3)_3 \cdot 9H_2O/Ni(NO_3)_3 \cdot 6H_2O$ 分解后留下的孔隙一起构成一个三维相互连通的、开放的孔隙网络；$Fe(NO_3)_3 \cdot 9H_2O$分解后在 SiC 预成型坯中留下的孔隙分布均匀，没有偏聚现象，而 $Ni(NO_3)_3 \cdot 6H_2O$ 分解后 SiC 预成型坯中有偏聚现象。

在 1000℃烧结时，由于 SiC 氧化缓慢，生成的 SiO_2膜既能将 SiC 黏结成陶瓷骨架，又能保证坯体不发生形状改变。SiC 坯体烧结过程中产生 3%左右的线膨胀，膨胀量随 $Fe(NO_3)_3$ 含量的增加而增大，通过调整 $Fe(NO_3)_3$ 含量，能获得不同孔隙率的 SiC 预成型坯。通过调整 $Fe(NO_3)_3$ 含量，使

85μm/28μm(W85/W28)和 50μm/14μm(W50/W14)为 2∶1(质量百分比浓度)的 SiC 预成型坯,均能获得 35%～46%的孔隙率;预成型坯的抗压强度随着造孔剂含量的增加而增大,$Fe(NO_3)_3$ 含量在 10%时,其抗压强度在 180MPa 左右。

在 950℃、氮气气氛中,采用颗粒级配的方法,成功制备出 SiC 体积含量为 55%～65%、致密度为 95%以上的 SiCp/Al 复合材料。结果表明,液态铝合金完全渗入 SiC 预成型坯内颗粒间的所有间隙,达到近完全致密。这主要归因于三个方面的因素:一是 SiC 陶瓷骨架低温烧结能保证其内部孔隙的连通性和开放性。二是多孔材料的内表面无残留,只有 SiC 颗粒氧化形成的致密的 SiO_2 层以及 $Fe(NO_3)_3$ 分解产生的 Fe_2O_3 附着在 SiC 颗粒表面。该氧化膜及氧化物颗粒在液态铝渗入过程中通过界面反应获得液-固两相润湿,促使铝液渗入。三是由于 $Fe(NO_3)_3$ 加热分解生成的 Fe_2O_3,能与铝液发生铝热反应,进一步改善液-固两相润湿,促进铝合金液的渗入。液态铝自发渗入后,SiC 预成型坯无任何变形,而且外形尺寸也无变化。SiC 与 Al 之间存在厚度为 0.4μm 左右的 $MgAl_2O_4$ 氧化物界面层,该界面层能有效阻止铝液与 SiC 的接触与反应。界面层与铝基体、SiC 增强体都存在一定的位相关系。4H 型和 8F 型 SiC 都能和 $MgAl_2O_4$ 形成半共格结构。

铝合金基体中引入高体积分数的 SiC 增强体后强度显著提高,抗弯强度都在 300MPa 以上,最高达 381MPa。抗弯强度并不随着硝酸铁添加量的增加而单调增加,而表现出先增后减的趋势。同时发现粗颗粒预成型坯渗透得到的复合材料强度略高于细颗粒配比的,但总体上材料的强度随增强体含量的改变,波动的幅度不大。

SiCp/Al 复合材料的断裂方式以脆性断裂为主。裂纹走向主要沿着 SiC－Al 分界面、SiC 与 SiC 之间较脆弱的烧结颈以及粒径较大的 SiC 颗粒扩展。延性的金属由于被 SiC 颗粒分隔在狭小的颗粒间隙,其在裂纹扩展过程中产生少量的塑性变形后被撕裂。断面上留下大量 SiC 粒子剥离后留下的颗粒外围轮廓印迹,在相邻 SiC 粒子轮廓之间是铝基体的突起,形成类似韧窝的形貌。

W85/W28(体积分数为 55%～65%)SiCp/Al－10Mg－8Si 复合材料的热导率从 128W/(mK)升至 142W/(mK);W50/W14(体积分数 55%～

65%)SiCp/Al-10Mg-8Si 复合材料的热导率从 126W/(mK)升至 139W/(mK)。总体来说，在相同体积含量下粗颗粒 SiC 增强铝基复合材料的热导率比细颗粒的略高。通过研究复合材料的 CTE，发现增加 SiC 体积分数可有效降低复合材料的热膨胀系数(CTE)；同时发现 SiC 颗粒尺寸对复合材料热膨胀系数有较大影响，大尺寸 SiC 颗粒有利于材料热膨胀系数的降低，而小尺寸颗粒对材料热膨胀系数影响较小，主要起填充、促进样品致密化的作用。当 SiC 的体积分数增加到 65%后，热膨胀系数只有 $6.7\times10^{-6}K^{-1}$。通过不同尺寸 SiC 颗粒的合理级配也可以达到降低材料热膨胀系数的效果。

关键词：SiCp/Al 复合材料；无压熔渗；抗弯强度；热膨胀系数；导热系数；界面

ABSTRACT

High-volumefraction SiCp/Al composite materials have many excellent properties such as high strength, well wear resistance, low thermal expansion and high thermal conductivity. In comparison with pressure infiltration and injection molding methods, pressureless infiltration process is the most economical one because it is a near-net-shape process with relatively less requirement for equipments. In this paper, a concise pressureless infiltration process for the making of SiCp/Al composites was investigated. Study on the dependence of SiC grain composition、pore-forming agents and interface features with the properties of composite. The infiltration process and infiltration mechanism of SiCp/Al composites were analyzed by metallurgical microscope, Scan Electron Microscope (SEM), Transmission Electron Microscope (TEM), X-Ray diffraction (XRD). Energy Dispersion Spectrometer (EDS) and other techniques. The mechanical and thermal properties of SiCp/Al composites were researched systemically and thoroughly, the relationship between SiC content, grain composition, structure of composites and their properties was revealed, which provides practical and theoretical basis to prepare low cost, low thermal expansion coefficient and high thermal conductivity SiCp/Al composites.

SiC preforms were fabricated by adding pore-forming materials at 1000℃. The results had shown that silicon carbide generated oxidizing reaction, thus the $Fe(NO_3)_3 \cdot 9H_2O/Ni(NO_3)_3 \cdot 6H_2O$ was heated into Fe_2O_3/NiO. A layer of SiO_2 was formed on the surface of SiC, the hardened of Sodium Silicate between SiC powders, and Fe_2O_3/NiO was formed by the thermal decomposition of $Fe(NO_3)_3 \cdot 9H_2O$/$Ni(NO_3)_3 \cdot 6H_2O$, which bonded SiC powders together to form a ceramic skeleton, the sites occupied by $Fe(NO_3)_3 \cdot 9H_2O$/$Ni(NO_3)_3 \cdot 6H_2O$ turned into pores and Fe_2O_3/NiO when $Fe(NO_3)_3 \cdot 9H_2O$/$Ni(NO_3)_3 \cdot 6H_2O$ decompounded in high temperature. Three dimensional co-continuous net-works of pores distributed uniform in the preform which was formed through the combination of original intervals among SiC powders and pores formed by $Fe(NO_3)_3 \cdot 9H_2O$/$Ni(NO_3)_3 \cdot 6H_2O$ decompounded. $Fe(NO_3)_3 \cdot 9H_2O$ leaves uniform pore distribution in SiC perform without segregation phenomenon. While $Ni(NO_3)_3 \cdot 6H_2O$ occurs segregation phenomenon in SiC perform.

The mixture was sintered at 1000℃. Because the SiC powder oxidated slowly and a layer of SiO_2 was formed on the surface of SiC, which bonded SiC powders together to form a ceramic skeleton and protected SiC particle from deformation. In the process of sintering the SiC preform took place 3% linear expansion and this expansion increased with the increase of $Fe(NO_3)_3$. By changing the content of $Fe(NO_3)_3$, the SiC performs of 85μm/28μm (W85/W28) and 50μm/14μm (W50/W14) is 2 : 1 weight percent would get 35%～46% porosity. The resist compression intensity of the preforms would increase with the content of pore-forming agents, when the content of $Fe(NO_3)_3$ was 10% in weight, the resist compression intensity was around180MPa.

Asour method was similar to traditional powder metallurgy, how to improve the SiC content was still a key problem. In order to overcome it, particle-match method was introduced, and proper proportion among the various particles size was found out. As a result 55vol%～65vol% SiCp/composites with 95% relative density were successfully obtained at 950℃ in nitrogen gas. The results had shown that Liquid aluminum alloy infiltrated through SiC preforms and formed a coherent interface with good match. There were three main reasons for this: first was the ceramic skeleton was sintered in low temperature which can make sure that the connectivity and air permeability were good. The second was that there was no residual in the inner surface of the porous material, only compact SiO_2 layer oxidated by SiC particles and Fe_2O_3 decomposed by $Fe(NO_3)_3$ sticked on the surface of SiC particles. In the process of infiltrating the oxidation film and oxidation particles reacted on the surface and were wetted, which promoted liquid aluminum alloy to infiltrate. The third was Fe_2O_3 which decomposed from $Fe(NO_3)_3$ could react with liquid Al which can improve liquid-solid wetting and promote infiltrate. An oxide interface phase with thickness of 0.4μm was formed between SiC and aluminum alloy. The oxide layer could prevent effectively the contact and reaction between SiC particles and liquid aluminum alloy. Crystallographic orientation relationships exist between the interface phase and the SiC filler or interface phase and the metal matrix. Both 4F type and 8F type SiC formed semi-coherent interfaces with $MgAl_2O_4$. Tensile stress derived from coherent mismatch induced dislocations and stacking faults in the $MgAl_2O_4$ crystal lattice near the interface. $MgAl_2O_4$ and aluminum alloy formed a coherent interface with good lattice match, resulting in no such crystal lattice faults along the interface.

The strength of Aluminum alloy was improved remarkably as high volume SiC particles added in, and Theflexure strength was over 300MPa and the highest was 381MPa. But the flexure strength did not increase monotonously with the increasing SiC content; overmuch SiC volume fraction would depress the strength of the composites. Meanwhile, we had found that the large size SiC particles played a more important role in the increase of flexure strength than the small ones. In fact, the flexure strength of SiCp/Al composites has little change with different Ferric Nitrate content.

Brittle rupture was mostly observed in SiCp/Al composites. Cracks spreaded along the interface between SiC and Al matrix, traversed across the sintering necks among SiC particles. When Cracks spreaded through the sample, tough metal matrix was teared away with some observations of plastic deformation.

TCs of 55vol%～65vol%W85/W28SiCp/Al－10Mg－8Si composites is from 128W/(mK) to 142W/(mK) and 55vol%～65vol%W50/W14SiCp/Al－10Mg－8Si composites is from 126W/(mK) to 139W/(mK). Generally, TCs increased with the increasing of the size of SiC particles when the volume content is the same。The result of thermal properties showed that the addition of SiC powder could reduce CTEs to a large extent. Meanwhile, we had found that the large size SiC particles played a more important role in the decline of CTEs than the small ones when the SiC volume fraction was 65%, CTE was low at $6.7\times10^{-6}K^{-1}$.

Keywords: SiCp/Al composites; Presureless infiltration; Flexure strength; Thermal expansion coefficient; Thermal conductivity; Interface

目 录

第1章 绪 论

本文通过综合大量文献，介绍了 SiCp/Al 复合材料的性能、制备方法及各种方法的特点，并基于当前 SiCp/Al 复合材料某些性能的不足导出对其改进的必要性。通过综述当前高体积分数 SiCp/Al 复合材料的研究进展，分析了各种制备工艺的特点，着重阐述了无压熔渗工艺制备高体积分数 SiCp/Al 复合材料的不足及存在的问题。在此基础上提出了本书的研究内容及选题意义。

1.1 引 言

金属基复合材料(MMCs)是以金属或合金为基体，以陶瓷质的纤维、晶须、颗粒等为增强体的复合材料。该类复合材料综合了金属的韧性、导电、导热性和陶瓷高强度、高弹性模量、耐磨性、耐高温性、耐蚀性，显示出极为广阔的应用前景。20 世纪 40 年代，复合材料开始被提出，曾成功应用于玻璃钢纤维缠绕、增强高聚物上。但由于当时制备工艺不完善，再加上对复合材料的基础理论研究甚少，所以在初期阶段的发展比较慢。到了 20 世纪 60 年代，由于航天、航空工业以及其他高科技领域对具有各种优异综合性能的复合材料需求量增大，促进了包括金属基复合材料、树脂基复合材料和陶瓷基复合材料在内的先进复合材料的发展。在各种复合材料的发展过程中，金属基复合材料(Metal Matrix Composites，MMCs)的研究、生产及发展起步较晚[1]。但是由于其具有低热胀系数、高耐热性，以及在动力结构方面的高比强度、高比模量、耐磨损，所以备受人们青睐，尤其是在汽车、航空、航天领域得到了广泛的应用[2]。对金属基复合材料的应用和研究目前处于世界领先的国家主要是美国和日本。美国把复合材料作为国防部的关键技术核心来实施,在复合材料领域取得了重大的进展。到了 20 世纪 80 年代就开始大量在航天、航空工业中应用 MMCs。2000 年美国先进复合材料的生产总值已达到了 200 亿美元[3]。日本的金属基复合材料研究和发展起步较晚,但发展速度却很快,只用了 20 年左右的时间就迅速在世界金属基复合材料的生产和应用研究领域占据了非常重要的地位。日本的本田汽车公司就首先在汽缸体活塞上应用了 Al_2O_3 短纤维增强铝合金复合材料,并实现了大规模工业化生产。目前,据不完全统计,日本至少有 40 家左右的公司都在进行金属基复合材料的开发与研究[4,5]。在金属基复合材料研究方面非常具有实力的国家还有俄罗斯。我国的金属基复合材料研究起步的时间和日本相差不多,近几年有了较大的发展,许多科研院所和大专院校等都在研究和试验方面取得了一定的进展。但我国的整体研究水平与实用化程度还不能与美国和日本相比,大多还处在试验研究阶段。其实际应用甚少,主要障碍是制备工艺复杂、成本高。

纤维增强金属基复合材料具有高温性能好,比强度高,比模量高,导电、导热性好等优点,但是加工温度高,制造工艺复杂,性能波动大,成本高。由于纤维增强金属基复合材料存在上述缺点,从而未能得以大规模工业应用,只有美国、日本等少数发达国家用于军事工业。为此,近年来国际上又将注意力逐渐转移到颗粒增强金属基复合材料的研究上。因为这一类金属基复合材料与纤维增强金属基复合材料相比制备工艺简单,成本低廉且能够克服纤维增强复合材料生产过程中存在的诸如纤维损坏、微观组织不均匀、纤维与纤维相互接触和反应带过大等缺点,以及可采用热压、热轧等传统的金属加工工艺加工成形[6,7]。可见,颗粒增强金属基复合材料是非常有发展前途的。

铝基复合材料是诸多金属基复合材料中研究最多、工业应用也最成功的一类。这不仅因为它具有重量轻,比强度高,比刚度高,剪切强度高,热膨胀系数低,良好的热稳定性和导热、导电性能,以及良好的抗磨、耐磨性能和耐有机液体和溶剂侵蚀等一系列优点,而且因为在世界范围内有丰富的铝资源,加之可用常规设备和工艺加工成型和处理,因而制备和生产铝基复合材料比其他金属基复合材料更为经济,易于推广和应用,所以颗粒增强铝基复合材料已成为当今世界金属基复合材料研究领域中的一个最为重要的热点，并日益向工业规模化生产和应用的方向发展。

1.2　SiCp/Al 复合材料

利用 SiCp/Al 复合材料质量轻、高强度、优异的耐磨损性能，将其用做结构件在汽车领域有极大的发展潜力。美国 Duralcan 公司研制出用 SiC 颗粒增强铝基复合材料制造汽车制动盘，使其重量减轻 40%～60%，而且提高了耐磨性能，噪音明显减少，摩擦散热快；该公司用 SiCp/Al 复合材料制造的汽车发动机活塞和齿轮箱等汽车部件比铝合金有更好的耐磨性能、耐高温性能和抗咬合性能，同时热膨胀系数小、散热也更好。美国 DWA 公司采用 SiCp/Al 复合材料制造的摩托车活塞在一年内参加 100 次越野赛后无明显磨损。英国的 T&N Technology 公司制造 SiCp/Al 复合材料刹车转子即将投入大规模市场化[8]。除此之外，高体积分数 SiCp/Al 复合材料的应用领域为电子封装材料，可作为 W－Cu 电子封装材料的替代品。

典型的电子封装从结构上可分为四个层次[9,10]，如图 1－1 所示。芯片层次上的互联称为零级封装；芯片在基板上固定，引线键合以及隔离保护等称为一级封装；经一级封装后的各器件在基板上固定和连接称二级封装；最后将电路板装入系统中成为电子整机称为三级封装。封装的功能主要包括机械支撑、散热、信号传递以及芯片保护等。据此对封装材料的性能要求总体上有以下几点：具有良好的化学稳定性、导热性能好、热膨胀系数小，有较好的机械强度，便于加工；价格低廉，便于自动化生产等。当然不同部件对其性能的要求也相应有所侧重。对于一级和二级封装而言，导热系数(Thermal Conductivity 简写：TC)是一个非常重要的性能指标。高集成度 IC 在工作过程中产生的热量必须及时释放，以防在过热的状态下工作，从而影响其寿命和功能。与此同时，我们必须兼顾材料的热膨胀系数(CTE)，即所用的各种材料的 CTE 以相近为宜，且最好与芯片材料保持一致，否则，随着工作温度的升高，将不可避免地在相邻部件间及焊接点处产生热应力，结合处将发生蠕变、疲劳以及断裂。对二级封装而言，则主要要求材料具有良好的可加工性和可成型性，同时兼顾对电磁场的屏蔽作用。在军事通讯和航空工业中，对所使用的封装材料除要求具有高的 TC 和低的 CTE 外，重量也是一个必须同时兼顾的因素，此时低密度材料就显得更具优势。另外，封装基片材料用于承载电子元器件及其相互连线，因此，封装基片应具有足够的机械强度，以避免应力和满足组装器件的要求。在航空方面，飞机起飞、导弹发射等，电子系统必须承受机械振动和温度变化，要求材料也必须有一定的机械强度和热性能要求。

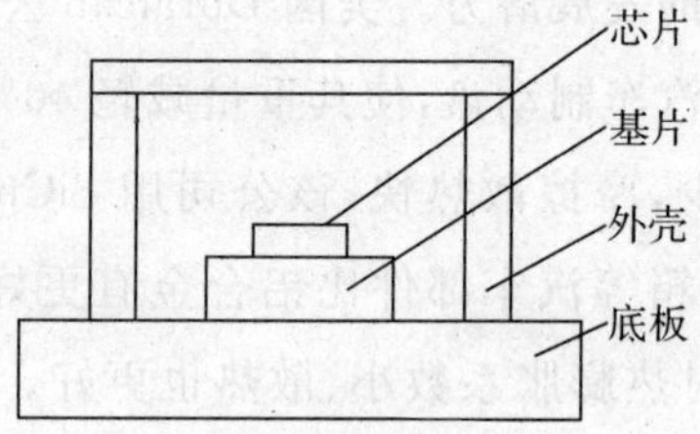

图 1-1　封装层次

电子封装材料的种类很多，常用的封装材料及其性能指标如表 1-1 所示。Al_2O_3陶瓷是目前应用最成熟的陶瓷封装材料[11]，其 CTE 与 Si 相差不大，价格低廉，耐热冲击性、电绝缘性都比较好，制作和加工技术成熟，因而使用比较广泛。但是 Al_2O_3陶瓷热导率相对较低，因而限制了它在大规模集成电路中的应用。AlN 陶瓷是一种新型的高热导陶瓷基片。但是，AlN 陶瓷的制备工艺复杂，成本高，故至今仍未能进行大规模的生产和应用。BeO 陶瓷具有较高的热导率，但是其毒性和较高的生产成本限制了其在生产和应用中的推广。而玻璃封装材料的热导率较低，也限制了其在大功率器件中的应用。Al 的热导率很高、重量轻、价格低、容易加工，是最常用的封装材料。但铝的热膨胀系数与 Si 和 GaAs 相差较大，器件工作时的热循环常会产生较大的应力，导致失效。铜材也存在类似的问题。镍铁合金（Inver）和 Kovar（铁镍钴合金）系列合金具有非常低的热膨胀系数和良好的焊接性，但是电阻却很大，热导率也不高，只能作为小功率整流器的散热和连接材料。W、Mo 与 Si 有相近的热膨胀系数，且导热性能比 Kovar 合金好得多，故常用于半导体 Si 片的支撑材料；但是 W、Mo 与 Si 的浸润性不好、可焊性差，常需要在表面镀或涂覆特殊的银基合金或 Ni，使工艺变得复杂且可靠性差，提高了成本，增加了污染。另外，W、Mo、Cu 的密度较大，不适合做航空、航天材料，而且 W、Mo 价格昂贵，生产成本高，也影响了其推广使用。

为了满足高密度、小型化、大功率集成电路的要求，理想的电子封装材料必须具备以下特点[12]：

(1)有较高的热导率，能够将半导体芯片在工作时所产生的热量及时地散发出去，以免芯片温度过高而失效；

(2)有较低的热膨胀系数且与 Si 或 GaAs 等芯片相匹配，以免芯片因热应力损坏；

(3)有足够的强度和刚度，对芯片能起到支承和保护作用；

(4)成本要尽可能低，而且在某些特殊场合(航空应用方面)还要求密度尽可能小。

因此，为了解决单一金属或陶瓷作为电子封装材料的种种缺点、满足高性能电子封装材料的需求，材料的复合化已经成为必然趋势。而金属基复合材料(MMC)则恰恰可以将金属基体优良的导热性能和增强体材料低膨胀系数的特性结合起来，获得既具有良好的导热性又可在相当广的范围内与多种不同材料的 CTE 相匹配的复合材料。所以自 20 世纪 90 年代以来，伴随着各种高密度封装技术的出现，研究、发展电子器件封装用的高导热、低膨胀金属基复合材料是国际上金属基复合材料研究发展的最新动态之一。

表 1-1 常用芯片、基板及封装材料的主要性能

材料	密度 $g\cdot cm^{-3}$	热膨胀系数 $\times10^{-6}\cdot K^{-1}$	导热系数 $W\cdot m^{-1}\cdot K^{-1}$	材料	密度 $g\cdot cm^{-3}$	热膨胀系数 $\times10^{-6}\cdot K^{-1}$	导热系数 $W\cdot m^{-1}\cdot K^{-1}$
Si	2.3	4.1	150	Cu	8.9	17	400
GaAs	5.3	5.8	39	Al	2.7	23	230
Al_2O_3	3.9	6.5	20	Mo	10.2	5	140
SiC	3.21	4	80～200	W	19.3	4.45	168
BeO	2.9	6.7	250	Kover	8.3	5.9	17
AlN	3.3	4.5	150～250	Inver	8.1	1.4	11
4140 钢	7.8	13.5	50	Mo85 Cu15	10	6.5～7.1	150～170

（续表）

材料	密度 $g\cdot cm^{-3}$	热膨胀系数 $\times10^{-6}\cdot K^{-1}$	导热系数 $W\cdot m^{-1}\cdot K^{-1}$	材料	密度 $g\cdot cm^{-3}$	热膨胀系数 $\times10^{-6}\cdot K^{-1}$	导热系数 $W\cdot m^{-1}\cdot K^{-1}$
环氧树脂	1.2	60	0.3	W85 Cu15	16.4	6.3～7.0	160～190
金刚石	3.52	1.7	700～2000	SiC68 Al32	3.03	7.3	175

为了得到低膨胀、高热导率的电子封装复合材料，目前研究的比较多的是C_f/Al、金刚石/Cu、BeO/Al、SiCp/Al、SiCp/Cu、B/Al、BeO/Cu等复合材料[13]，其中部分复合材料的性能如表1-1所示。由表可以看出，尽管Cu/W以及Cu/Mo的CTE和TC值较为理想，但密度过高。BeO作为复合材料的增强体，其综合性能明显优于其他材料，但遗憾的是，BeO是一种有毒物质，其粉尘会对人体造成严重的伤害，因此各国对BeO产品使用的限制也越来越严。金刚石的价格过高，难以实现大规模的应用。对于Al-Si体系而言，为满足其具有高硅含量性能的要求，使得材料很难成型。尽管含Si量较低的Al-Si合金可以通过熔化铸造成型，但是在感兴趣的范围内（质量分数为50%～90%），由于极端粗大的初晶硅相的存在，导致材料极度各向异性，已不再适合电子封装的应用。

在各种封装材料中，最先引起人们的注意并得到大力发展的是SiCp/Al复合材料，一方面是由于SiCp本身具有优良的物理性能；另一方面则是因为SiC粉末作为磨料的市场已经非常成熟、价格较低的缘故；同时作为基体的铝合金也具有优良的物理性能。近年来，高体积分数SiCp/Al复合材料作为功能材料在电子封装、光学仪器等领域的应用受到普遍重视。

1.2.1 SiCp/Al封装材料的特性

表1-2 SiCp/Al复合材料产品牌号及性能

材料级别	AlSiC9	AlSiC10	AlSiC12
SiC的体积百分比%	63	55	37

（续表）

材料级别	AlSiC9	AlSiC10	AlSiC12
Al的体积百分比%	37	45	63
热导率/w·m^{-1}·k^{-1}25℃	200	200	180
比热/J·g^{-1}·k^{-1}25℃	0.74	0.78	0.80
CTE/30℃～200℃	8.75	10.56	11.5
密度/g·cm^{-3}	3.01	2.96	2.89
弹性模量/GPa	188	167	167
切变模量/GPa	76	67	69
强度/MPa	488	450	471
电阻/Ω	20.7	20.7	20.7

SiCp/Al复合材料的特性主要取决于SiC的体积含量及分布、粒度大小，以及铝合金的性质等因素，其中SiC的体积含量尤为重要。对于封装应用来说，考虑到要与电子材料低的热膨胀系数相匹配，SiCp/Al复合材料中的SiC的体积含量通常在55%～75%。比较几种常用封装材料的物理性能(表1-2)，从中可见SiCp/Al的热膨胀系数与Cu/W、Al_2O_3的相近，而且可以通过控制SiC含量的方法来调整，从而在实际应用中能获得精确的热匹配，使相邻材料间的热应力减到最小。在热导率方面，它远优于柯伐合金，可以与AlN、Cu/W相比拟，保证了封装材料具有良好的散热性。在机械性能上，高的抗拉强度和抗弯强度减小了封装的体积，使封装结构更为牢固，高的弹性模量有利于减小变形，提高封装的密封性能。另外值得一提的是，采用压力渗透工艺制备的SiCp/Al可以使其表层覆盖一层薄薄的铝，从而起到抑制裂纹沿表面扩展的作用，使其具有一定的抗裂性，这是陶瓷封装所不能比拟的。从产业化趋势看，SiCp/Al复合材料可实现低成本的、无需进一步加工的净成形或需少量加工的近净成形制造，还能与高散热材料（金刚石、高热传导石墨等）的经济性并存集成，满足大批量倒装芯片封装、微波电路模块、光电封装所需材料的热稳定性及散温均匀性要求，同时也是大功率晶体管、绝缘栅双极晶体管的优选封装材料，可提供良好的热循环及可靠性。

表 1-2 为美国 CPS 公司采用压力渗透工艺实现产业化的净成形 SiCp/Al 新型封装材料牌号和性能指标[14]。该公司研制 SiCp/Al 复合材料特性与常用封装材料性能的比较见表 1-1 所示。可见,SiCp/Al 复合材料的热导率远高于 Al_2O_3,与 AlN 相当;CTE 也远低于 Cu 和 Al。

1.2.2 SiCp/Al 封装材料的应用

国外 SiCp/Al 电子封装材料经过十多年的研究和发展已经开始从试验阶段步入实用阶段,主要应用于军用电子产品,包括军用混合电路(HIC)、微波管的载体(Microwave carriar)、多芯片组(MCM)的热沉和超大功率模块(IGBT)的封装,均取得较好的效果[15]。在高性能飞机的相控阵雷达中使用 SiCp/Al 复合材料封装后,电路的体积和重量大幅度减少,并提高了可靠性。美国在多个军事工程特别是航空航天中已规模化使用这种 SiCp/Al 复合材料,例如在 F—22"猛禽"战斗机上,大量采用该材料制作印刷电路板板芯、电子设备基座及外壳。另外,应用该材料的先进航空航天器还包括 F—19"大黄蜂"战斗机、EA—6B"徘徊者"电子战飞机,以及用作反射镜及其框架的空间望远镜(如哈勃望远镜)等[16]。由于高 SiC 含量的铝基复合材料集优异的承载功能、卓越的热控功能乃至独特的抗共振功能于一身,因此在航空航天领域有极大的应用潜力。例如,用该材料替代铝合金或钛合金用于航空航天光电探测结构,可显著提高平台在力、热负荷作用下的精度稳定性;替代钨铜、钼铜专用封装合金用于航空航天电子元器件,可使相应元件减重 70%~80%,整部电子装备减重可达百公斤级[16]。

近年来,美国 PCC/AFT 公司采用注射成型和压力渗透法研制和生产了一系列具有复杂形状、高性能的 SiCp/Al 复合材料电子封装产品。法国 Egide-Xeram 公司研制生产了一系列 SiCp/Al(70%SiC)气密封装外壳,最大外形尺寸达 220mm×220mm,这类材料在军用机载电子设备中获得应用[17]。美国 CPS 公司采用 SiC 预成型坯压力熔渗工艺开发出了近净成形、用做不同领域的电子器件封装外壳。此外,在商用电子、通讯等领域,SiCp/Al 复合材料电子封装也有极大的发展前景。无绳电话、DVD 机、数码相机、笔记本电脑、光纤通讯以及其他微型系统对重量的限制越来越严,使得新型电子封装零件的研制成为发展电子器件的关键之一。

尽管原材料成本低廉，但制造费用高昂，SiCp/Al 复合材料目前还主要作为电子封装材料用于军工领域。即便是用于汽车工业的 SiCp/Al 复合材料结构件也普遍存在工艺复杂、价格昂贵等问题。因此，开发工艺相对简单的制造技术、大幅降低其成本以应用到更广阔的领域是 SiCp/Al 复合材料研究和开发的迫切任务。

1.3 电子封装用 SiCp/Al 复合材料的制备方法

复合材料的性能除取决于基体和增强体外，正确地选择制备工艺，对于能否发挥增强体的作用、获得理想的微观组织和性能起决定性的作用。生产和制造 MMC 的方法是多种多样的，而且会越来越多。总体来说，这些方法可分为粉末冶金法、挤压铸造法、搅拌铸造法、压力熔渗法、无压渗透法等[18~20]。

对于封装用 MMC，由于第二相的体积分数通常较高，因此在具体选择工艺时需要考虑以下几点：

(1)要使第二相在金属基体中均匀分布；

(2)制造过程不造成第二相和金属基体原有性能下降；

(3)制造过程中应避免各种不利反应发生；

(4)制造方法应适用于批量生产，尽可能直接制成接近最终形状尺寸零件[21,22]。

1.3.1 粉末冶金法

粉末冶金法制备 SiC/A1 复合材料是先将 SiC、铝粉和成形剂混合后压制成形，经过脱脂、烧结成成品。按设计成分，以酒精作分散剂进行球磨。混合 14h 后烘干、除气，再冷压成坯，然后在自动化热压炉中热压。热压时，采用流动高纯氩气保护。

粉末冶金法的优点是：

(1)可以任意并精确地控制增强体颗粒和基体的体积配比，从而精确地控制其热物理性[23]；

(2)成型温度低于基体合金的熔点,金属基体与增强体的界面反应少,减少了界面反应对材料性能的不利影响;

(3)可以降低增强体材料与基体相互润湿的要求,使得增强体材料在基体中有很好的分布,不易出现偏聚或偏析现象。

缺点主要是:由于压制工艺的限制很难实现形状复杂零件的近净成型制备;同时有研究表明,采用粉末冶金法制备的高体积分数 SiC/A1 复合材料的致密度往往达不到要求,容易吸附气体,难以通过电子封装所必需的气密性检测[24]。但国外也有一些公司和研究机构采用粉末法制备出适合电子封装用的高体积分数 SiC/A1 复合材料。如日本住友金属公司正在采用粉末冶金法研究开发用于半导体封装用高体积分数 SiC/A1 复合材料。美国的 DWA 复合材料公司也采用粉末冶金法制备了增强体体积分数为 55%的 SiC/6061A1 复合材料,导热率达到了 $200W \cdot m^{-1} \cdot K^{-1}$[18]。传统的粉末冶金法工艺简单,可以灵活地选择基体合金成分和增强体的类型,材料性能的可设计范围较大。但该法对 SiC 的加入量有一定的限制,一般不超过 55%。SiC 含量低的铝基复合材料难以满足电子封装的要求;同时粉末冶金法难以实现复杂部件的近净成形。

1.3.2 铸造法

挤压铸造是按零件的形状制作增强体预制件,将预制件放入铸型,在重力下浇入液态金属或合金,液体在压力作用下渗入预制件的过程(如图 1-2 所示[25])。该工艺中,颗粒预热温度、金属液注入温度、压力大小是关键参数[26]。丁雨田等[27]用正交法研究了上述参数对制备 SiC/A1 电子封装材料的影响,在粉末粒径为 35μm,铝液温度为 750℃、熔渗压强为 320MPa 条件下,预制件及模具预热温度为 600℃时铝液熔渗长度很短,将预制件及模具预热温度提高到 700℃时熔渗长度大大增加。预制件和铸型模具预热温度对熔渗效果的影响非常大,对同样体积分数的预制件,当熔渗压强过高、模具和预制件预热温度低时,预制件在熔渗过程中就会开裂,熔渗后复合材料中就会出现肉眼可见的铝带。S. Long 等[28]用预制件预热 700℃、铝液浇注温度为 750℃和熔渗压强为 130MPa 的挤压铸造工艺制备了体积分数为 60%的 SiC/A1 电子封装材料,复合材料中也出现了铝带。在 SiC/A1 电子封装材料及构件中,SiC 粉末的体积分数至少大于 45%,且预制件及铸型模具预热温度通常在 500℃～700℃之间,熔渗压强大于 50MPa,因此铸型模具的选材、结构设计非常重要。

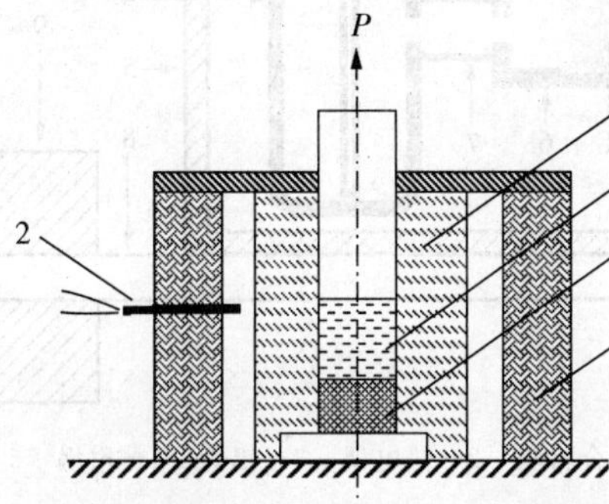

1—电阻炉　2—热电偶　3—压铸模具　4—金属液体　5—增强颗粒

图 1-2　挤压铸造法示意图

挤压铸造法制备的电子封装材料中尽管会有一定的残留气体存在,但材料的质量仍然较好,而且不必太多考虑基体和增强体的润湿性,工艺稳定性好。其缺点是需要高压设备及密封良好、能耐高压的模具,所以生产费用较高,在生产形状复杂的零件特别是小的薄壁电子封装构件方面限制很大[29]。

离心铸造法[30]是在高速旋转的 SiC 多孔预制形体中均匀浇铸金属铝熔体,使其在离心压力作用下渗入粒子的间隙,凝固后得到被 SiC 粒子化的陶瓷颗粒增强铝基复合材料。图 1-3 为离心铸造法示意图。文献[31]中用离心铸造法制备了 SiC/A1 复合材料。在浇铸温度为 750℃、模具温度为 20℃下制备了 SiC 体积分数为 10%的铝基复合材料,其中 SiC 的平均粒度为 37.5μm。此法避免了挤压铸造、气压铸造法对设备的高要求,降低了设备投资和生产成本,但是其特殊的装置决定了所制的产品形状受到限制,因而难以在工业上得到推广应用。

搅拌铸造法工作原理图如图 1-4 所示。其突出的优点是对设备要求低,工艺简单,易于实现,是制造铝基颗粒增强复合材料最常用的方法。搅拌铸造法分为液相法和半固态法两类。液相法是利用电磁或机械搅拌,在基体金属完全是液相的状态时向旋涡中逐渐投入颗粒,使其分散,待颗粒等

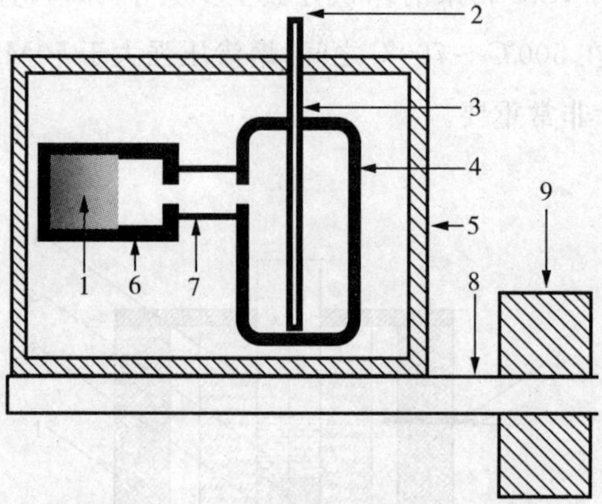

1—SiCp/Al 复合材料 2—热电偶 3—铝管 4—坩埚 5—真空室

6—模具 7—喷口 8—旋转管 9—旋转轴

图 1-3 离心铸造法示意图

增强物得到润湿、分散均匀后浇入金属模型中(或再进行挤压),制成复合材料。文献[32]中用搅拌铸法制备 SiC。增强铝基复合材料是先将铝锭放入坩埚,待其熔化后加入镁块,急速搅拌使之形成快速流动的旋涡。在旋涡中心投入 SiC。SiC 的质量分数为(12%~20%),继续搅拌 10min~20min(搅拌速度为 950r/min,熔体温度约 730℃),然后迅速倒入通水激冷的铸模,得到复合材料。文献[33]对处于熔点以上的铝液及 SiC 施加一定时间的电脉冲,由此制得的复合材料增强相颗粒分布均匀,基体合金晶粒细小,致密度、强度、耐磨性均较高。半固态铸造法是金属在熔点附近,液相及非枝晶固相共存状态下,把增强物加入剧烈搅动的含有一定组分固相粒子的金属液中,这时,即使增强物和金属液润湿不好,但由于金属液中固相粒子的作用,也可使之得到较好的分散,然后铸造成接近最终形状的复合材料。一般制造工艺是将铝在 760℃熔化后,降温至固相线与液相线之间,搅拌熔体,并加入 SiC。因 SiC 的加入,会使熔体的黏度上升,随着黏度的上升再适当提高温度。待 SiC 加完,再升温至 760℃,短时间急速搅拌使颗粒均匀地分布在熔体中,然后浇铸成型。该方法制得的材料凝固组织晶粒细小、均匀,没有粗大的树枝晶,可以消除颗粒在熔体中的偏析。由于金属温度接近固相线温度,因此能消除金属从液相到固相凝固收缩引起的收缩缺陷,以及避免熔体因剧烈翻腾而大量吸入气体,但残留在半固态金属液中的气体和夹杂物不易排除。

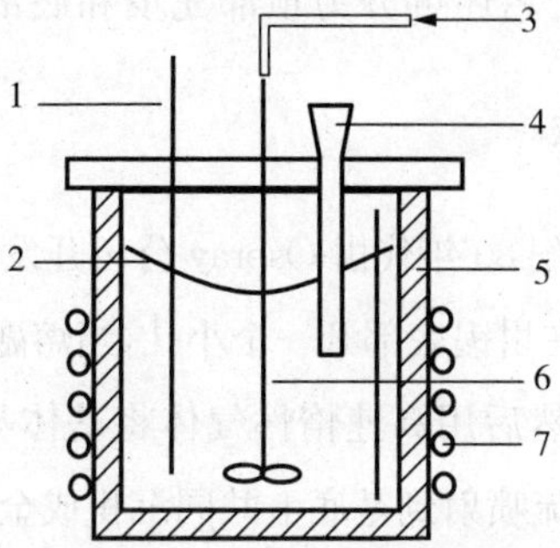

1—热电偶 2—液面 3—保护气 4—加 SiC 装置

5—炉体 6—搅拌装置 7—感应线圈

图 1-4 搅拌铸造法示意图

1.3.3 真空气压熔渗法

真空气压熔渗法[34](如图 1-5 所示)是采用高压气体,将液态金属压入由增强体制成的预制体而制备出金属基复合材料的一种有效方法。这种方法的主要特点是:适用面广,可直接成型,基本无气孔疏松等铸造缺陷,组织致密,性能优异,可制备高体积分数的金属基复合材料。国内已有采用压力渗透法制备出 SiC 颗粒分布均匀、组织致密的高体积分数 SiCp/Al 复合材料。如国防科技大学熊德赣等人[35]通过在炉体内先抽真空降低预制件的渗透压力,然后采用气体加压将熔融的铝液渗入预制件中,制备出用于相控阵雷达 T/R 组件封装外壳、SiC 体积分数约为 65%的 SiCp/Al 复合材料。

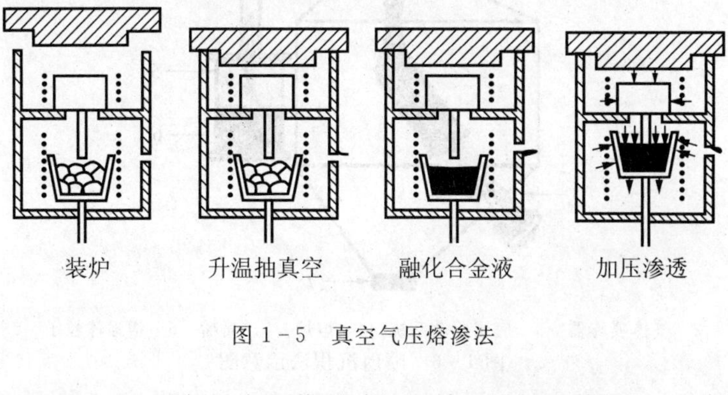

图 1-5 真空气压熔渗法

该法的缺点是:设备投资和模具成本较高,生产周期较长,生产成本较高，适宜科研和小批量生产。根据熔渗时铝合金液体处于预制件的上部还是下部，真空压力熔渗工艺还可分为顶部充填和底部充填两种[36]。

1.3.4 喷射沉积法

喷射沉积法是20世纪80年代由Ospray公司开发的一种制备金属基复合材料的方法[37]。该工艺是在坩锅底部开一个小孔，当熔融金属铝合金液流出后，将颗粒增强相加入液流中，然后用高速惰性气体将基体与颗粒混合物分散成细液滴使其雾化，颗粒及雾化流喷射到基底上共同沉积成金属复合材料[33,38,39]。

图 1-6 为喷射沉积法示意图。采用工业纯铝(纯度为 99.9%)与平均粒度为 2μm～3μm 的 SiC，喷射沉积制得 SiC 的体积分数为 35%的 SiC/6066 铝复合材料。复合材料中孔隙数量少，尺寸小，SiC 分布均匀。由于增强体粒子在气流的推动下高速射入熔体，所以它对界面的润湿性要求不高，同时还可以消除颗粒偏析等不良组织。由于增强相与基体熔液接触时间短，因此二者之间的反应易于控制，且适用于多种增强相。经过喷射沉积法制备的复合材料相对密度可达到 95%～98%，对其进行二次加工可实现完全致密化。由于喷粉和材料复合是一步完成，且工艺流程短，工序简单，效率高，有利于实现工业化生产。但缺点是成本较高，沉积速度较慢。

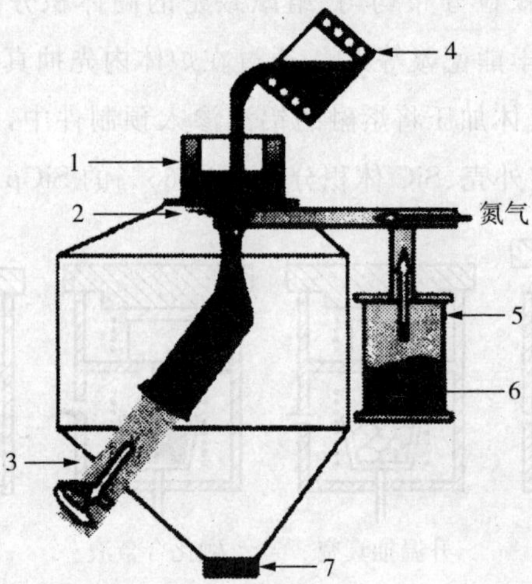

1—漏斗　2—气体喷雾器　3—底层驱动系统　4—熔炉　5—喷嘴　6—增强体粒子　7—收集器

图 1-6　喷射沉积法示意图

1.3.5 无压浸渗法

无压渗透法是一种生产具有高体积分数的电子封装复合材料的有效方法。该工艺是在80年代末90年代初由美国Lanxide公司研制的一种新型复合材料成型工艺(PRIMEXTM)[40]。随着工艺的不断发展,已能实现高体积分数MMC的净成形。这种工艺使用的基体合金均为Al-Mg合金,当使用SiC作为增强体时,往往还加入一定量的Si以减少Al/SiC之间的界面反应。在一定温度下(大于800℃),基体合金中的Mg缓慢挥发,扩散至陶瓷素坯中,与作为保护气氛的氮气发生反应,而在粉体的表面生成Mg_3N_2,液态铝与表面的Mg_3N_2相接触,通过一系列的化学反应促进铝液的浸渗,并最终实现了无压浸渗。其生产过程为:先把基体合金铸锭放入预制件上面,通入含有氮气的可控气氛,加热直到合金熔化自发渗入预制件中[41,42]。

无压熔渗法生产过程包括两部分,先是预成型坯体的制备,此步骤与压力浸渗法一样;然后就是熔体浸渗。按照预成型坯体放置的方法不同大致可分为三种[43]:蘸液法、浸液法和上置法,如图1-7所示。蘸液法的特点是熔体在毛细管压力的驱动下由下而上地渗入多孔预成型坯。渗入前沿呈简单几何面向前推进,预成型坯内气体随渗入前沿的向上推进排出预成型坯,这样能有效地减少缺陷和实现致密化。但此法可能导致重力作用下制品上下渗入程度欠均匀及凝固时上下熔体补充量不一致。浸液法是指预成型坯被淹没在熔体内,熔体在毛细管力作用下从预成型坯周围渗入体内。与蘸液法相比优缺点恰好相反。但此法操作简单,可实现规模生产。预成型坯内气体的排出受液气表面能降低驱动,经过较复杂的步骤最终能完全排出。上置法是指固体金属块放置在支架支撑着的预成型坯表面,他们一同置于小型加热炉内,加热熔化后熔体自上而下渗入体内。这种方法可避免重力作用产生的不均匀性。

由于该工艺无需特殊的真空或压力设备,工艺简单,成本低廉,陶瓷增强相体积分数高,复合材料性能优良,以及近净成形加工等特点,近几年受到国内外广泛重视。该工艺还避免了为提供特殊配比、压力和流速的渗透气氛所必需的设备、控制装置和防氧化性气体混入的措施;浸渗模具材料可选用透气性好且价格便宜的耐火材料或烧结陶瓷材料,降低了制造成本;制

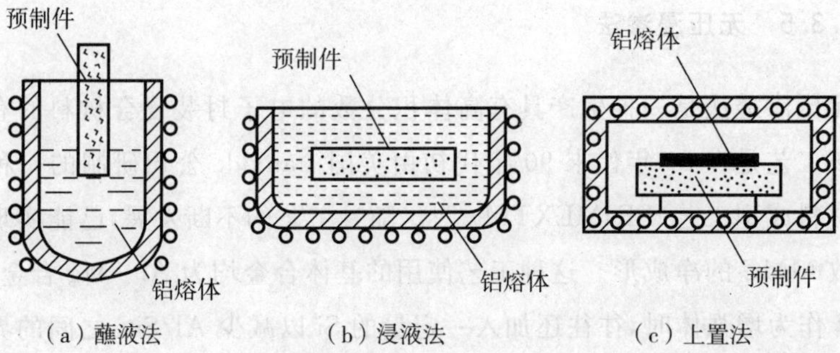

图 1-7　无压熔渗制备 SiCp/Al 复合材料示意图

成的颗粒增强铝基复合材料组织比较均匀，界面结合良好，具有优越的综合力学性能；易于实现制品大型化生产；可选择阻渗剂对不需要浸渗部分阻渗。与压力熔渗法相比，生产成本比较低，可以实现形状复杂的网格状电子封装材料的近净成形。因此无压熔渗法是一种极具潜力的金属基复合材料制备方法，也是本书拟采用的材料制备方法。

采用上述工艺制备陶瓷预成型坯对无压渗透工艺而言，只是一个方面。在预成型坯制备过程中，还必须考虑后续工艺中液态铝合金对坯体的润湿性，因为润湿性是该工艺顺利进行的前提，所以预成型坯的制备方法对无压熔渗至关重要。文献中有关这方面的详细报道很少。从目前的研究结果看，关于 SiC 预成型坯体主要采用如下三种方法：

(1)制备含无机碳的 SiC 预成型坯，利用液态铝合金中的硅与陶瓷坯体中残留的碳反应生成 SiC 来获得润湿，诱发自发渗透。将 SiC 颗粒与高分子有机物混合、冷压成型，在高温裂解有机物，得到 SiC-C 预成型坯[44~46]。

(2)制备含有机碳的 SiC 预成型坯（部分研究者将 SiC 预先进行氧化处理获得 SiO_2 保护膜），可采用注塑成型，经脱脂处理后得到由少量有机成分黏结 SiC 颗粒而成的预成型坯[47,48]。

(3)制备 SiC-SiO_2 预成型坯。采用 SiC 粉体氧化结合法制备预成型坯，利用坯体内的氧化膜作为促进润湿的反应界面[49]。

由于铝本身具有很高的化学活性，极易氧化，无压渗透都需在高纯氮气或氩气的保护下进行。针对不同预成型坯，渗透工艺有所差别。

(1)对于 SiC-C 预成型坯，是利用液态铝合金中的硅与碳化硅粉体表面的碳反应[40,44~46]：

$$[C]+[Si]=SiC$$

在原来的 SiC 表面生成的新的 SiC 层能有效改善两相润湿，从而将铝液吸入多孔陶瓷坯体。此工艺易形成副产物 Al_4C_3、Al_4SiC_4，对复合材料的性能产生影响。为阻止副产物的生成，Si 在铝合金中的浓度须为质量分数在 17.8%以上，且渗透温度必须在 1400℃以上。此方法由于渗透温度高，又需保护气氛，设备投入大，因此采用者较少。

(2)对含有机碳的 SiC 预成型坯，利用液态铝合金中过量的硅抑制有害产物的形成，并获得润湿。对于不经氧化预处理的预成型坯，润湿性较差。无压渗透需要较高的温度，一般在 1000℃以上。坯体中的残留成分，一方面会堵塞液体通道，留下孔隙；另一方面这些残留物有可能对材料性能带来不利影响，然而这方面还未受到应有的关注。

(3)对于氧化结合制备的预成型坯，润湿性好，熔渗温度较低，一般在 1000℃以下，渗透也较完全。但 SiO_2 氧化膜会对材料性能，特别是导热性能产生不利影响。

1.4 高体积分数 SiCp/Al 复合材料国内研究现状

国内目前从事电子封装用 SiCp/Al 的研制与开发工作的主要有北京航空材料研究院、上海交通大学金属基复合材料国家重点实验室、哈尔滨工业大学、西北工业大学、国防科技大学、北京科技大学等少数几家单位。从素坯的制备工艺看，北京航空材料研究院采用有机黏结剂来实现 SiC 坯体的成型[50]，同样在黏结剂的排出方面存在问题，金属与坯体的复合则采用无压浸渗的工艺来实现。68%SiCp/Al 复合材料的 CTE 达 $7.0\times10^{-6}K^{-1}$，导热系数接近 $200W\cdot m^{-1}\cdot K^{-1}$，并实现了 2mm 壁厚零件的近净成形。上海交大[22]则借鉴陶瓷素坯的胶态成型工艺，针对复合材料的特点，以水作为介质，通过加入少量无机黏结剂来实现浆料的固化，并通过后续的真空反压渗透工艺成型。哈尔滨工业大学[51]采用挤压铸造的方法制备 SiCp/Al 复合材料，其中 SiC 含量最高可达 73vol%，采用的 Al－Si 基体最大含 Si 量达 20%。西北工业大学[52]则采用无压渗透的方法制备体积分数为 50%～70%的 SiCp/Al 复合材料，导热系数在(174～200)$W/m^{-1}\cdot K^{-1}$，CTE 为(6.5～9.0)$\times10^{-6}K^{-1}$，块体最大尺寸达 100mm×60mm×10mm。国防科技大学[35]则采用双向模压法制备预制件，用压力渗透的方法成型，用金刚石铣刀机加工，用电火花精加工，并实现了零件的小批量生产。武汉理工大学[53]则采用放电等离子体热压烧结方法制备出高增强体含量的 SiCp/Al 复合材料。北京科技大学[54]则采用注射成型法制备出高体积分数的 SiCp/Al 复合材料。总体上看，国内还未见有成熟的高性能、高质量的 SiCp/Al 产品报导。从性能来看，相同 SiCp 体积分数的材料，CTE 和密度已完全达到国外产品的指标，但存在产品尺寸精度的控制上还有不少差距，另外生产成本太高，离实现商业化生产还有很长一段距离。

1.5 高体积分数 SiCp/Al 的关键技术及工艺路线

本书通过围绕设计、探求低成本的 SiCp/Al 复合材料制备工艺，对无压熔渗反应机理进行研究，发展了高体积分数 SiCp/Al 复合材料的无压熔渗制备工艺；研究复合材料的性能与 SiC 颗粒级配、造孔剂和制备工艺参数等的依赖关系，采用金相显微镜、扫描电子显微镜(SEM)、X 射线衍射(XRD)等技术分析其无压渗透过程，深入研究其渗透机理；通过高分辨透射电子显微镜(HRTEM)、能谱(EDS)等分析手段对 SiCp/Al 复合材料的界面结构进行表征，以获得无压渗透过程中界面反应的变化信息，并系统的研究 SiC 颗粒的级配、含量、复合材料的组织、结构与力学、热学性能的关系和规律，最终明确无压熔渗的最佳工艺参数，找出影响渗透过程的关键因素，为研制低成本、高导热的 SiCp/Al 复合材料提供实验与理论依据。

1.5.1 本书研究的主要内容

(1)SiC 颗粒粒度、级配及造孔剂对预成型坯性能的影响研究

由于 SiCp/Al 复合材料的热学性能与 SiC 的含量密切相关，因此通过不

同粒径 SiC 颗粒的级配和调整造孔剂含量来获得高体积分数的 SiC 预成型坯,从而需对 SiC 级配、造孔剂种类及含量进行研究,从而确定最佳配方。

(2)SiCp/Al 复合材料的制备及无压熔渗反应机理

根据无压熔渗的特点,对已具有一定强度的预成型坯在自制无压熔渗反应炉中进行复合材料的渗透反应试验。利用基体合金化和炉内气氛的控制改善 SiC 与铝合金基体的润湿性,实现高体积分数的 SiCp/Al 复合材料的制备。研究无压熔渗反应中各种实验参数对复合材料的密度、致密度、界面反应等方面的影响规律,明确其熔渗反应机理,实现高体积分数的 SiCp/Al 复合材料在组分、形貌和结构上可控制备,获得如导热系数稳定的一系列产品。同时从组分、结构以及界面反应产物等方面研究它们对 SiCp/Al 复合材料的力学、热学性能的影响。

(3)力学、热学性能测试和无压熔渗反应机理研究

① 将产物的表征结果与理论计算相结合,分析比较其力学、热学性能,确定制备复合材料的最佳工艺条件;通过调节其组分、结构,拓宽 SiCp/Al 复合材料的导热系数范围,提高其使用种类和应用范围。

② 采用不同分析手段对 SiCp/Al 复合材料的界面结构进行表征,以获得无压渗透过程中界面反应的变化信息,并系统的研究 SiC 颗粒的级配、含量、复合材料的组织、结构与力学、热学性能的关系和规律,最终明确无压熔渗的最佳工艺参数,找出影响渗透过程的关键因素,注重研究其在实际应用中的可行性。

1.5.2 本书研究的技术路线

本书采用的技术路线如图 1-8 所示。

本课题得到合肥工业大学中青年创新群体基金项目(103-037016)的支持。旨在通过以无压熔渗工艺技术为基础研究对低成本、高导热、低膨胀的 SiCp/Al 复合材料进行设计和开发,为发展高体积分数 SiCp/Al 复合材料近净形零件的制造技术奠定理论和技术基础。

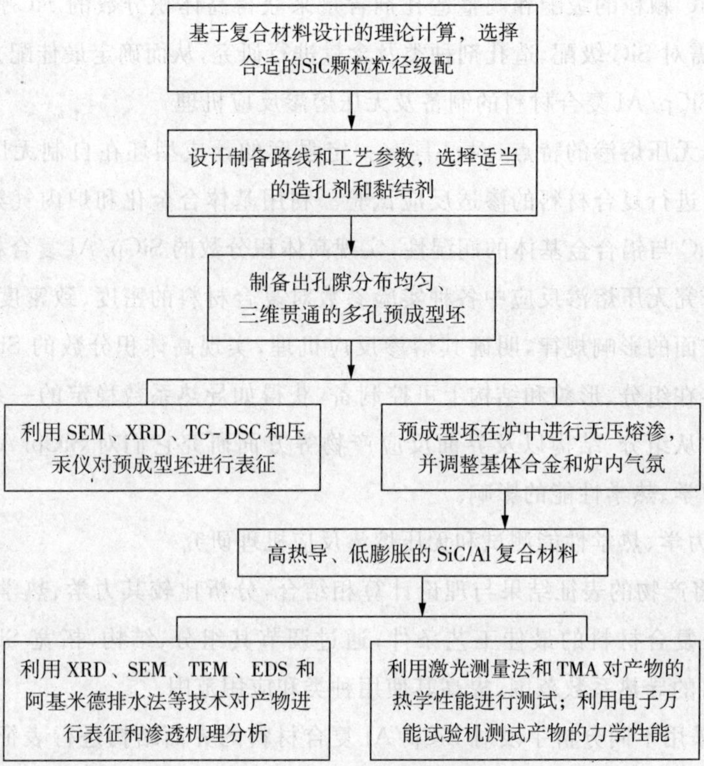
基于复合材料设计的理论计算，选择合适的SiC颗粒粒径级配
设计制备路线和工艺参数，选择适当的造孔剂和黏结剂
制备出孔隙分布均匀、三维贯通的多孔预成型坯
利用 SEM、XRD、TG-DSC 和压汞仪对预成型坯进行表征
预成型坯在炉中进行无压熔渗，并调整基体合金和炉内气氛
高热导、低膨胀的 SiC/Al 复合材料
利用 XRD、SEM、TEM、EDS 和阿基米德排水法等技术对产物进行表征和渗透机理分析
利用激光测量法和 TMA 对产物的热学性能进行测试；利用电子万能试验机测试产物的力学性能

图 1-8　技术路线图

第 2 章　SiC 预成型坯的制备及其性能

在无压熔渗制备 SiCp/Al 复合材料过程中，SiC 预成型坯的制备非常关键，液态铝合金液能否渗入取决于 SiC 预成型坯内孔隙表面状态，而复合材料的 SiC 含量、最终外形轮廓和尺寸则取决于 SiC 预成型坯制备过程中孔隙率、形状和尺寸的变化。本章采用冷压成型的方法制备不同体积分数的多孔 SiC 预成型坯，通过对预成型坯孔隙分布、物相组成及微观形貌的分析，探讨造孔剂及其含量和颗粒级配对 SiC 预成型坯的影响规律。

2.1　引　言

在 SiCp/Al 复合材料制备的诸多工艺中，液态铝合金渗透 SiC 预成型坯是制备高体积分数 SiCp/Al 复合材料的首选方法。该工艺由两个主要环节构成，即 SiC 预成型坯的制备和液态铝合金渗入 SiC 预成型坯颗粒间隙形成接近全致密的复合材料。液态铝合金液能否渗入取决于 SiC 预成型坯内孔隙表面状态，而复合材料的 SiC 含量、最终外形轮廓和尺寸及公差则取决于 SiC 预成型坯制备过程中孔隙率、形状和尺寸的变化，因而研究 SiC 预成型坯的制备工艺及其性能的变化规律对制备结构、功能一体化的 SiCp/Al 复合材料具有重要意义。

2.1.1　SiC 预成型坯的制备方法

对材质性能的要求各异，使得多孔陶瓷的制备方法也多种多样。对于 SiC 预成型坯的制备方法主要有以下几种。

(1)泡沫塑料浸渍泥浆高温处理方法[55~57]

该法的原理是利用可燃尽的多孔载体(一般为泡沫塑料)吸附陶瓷料浆,然后在高温下燃尽载体材料而形成空隙结构。其典型的工艺过程为:

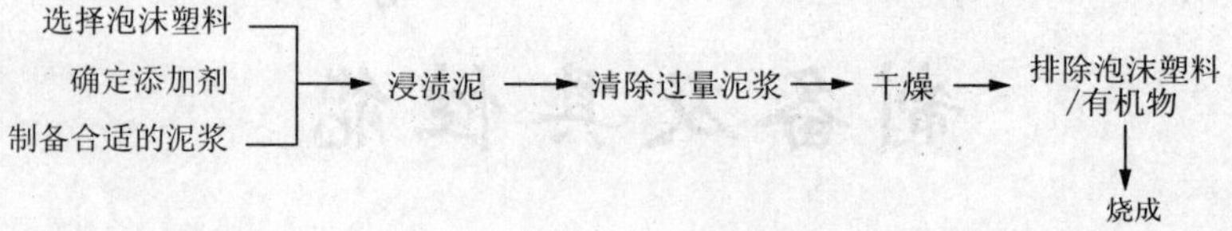

(2)发泡法[58,59]

发泡工艺是向陶瓷组分中添加有机或无机化学物质,在处理期间形成挥发性气体,产生泡沫,经干燥和烧成制得多孔性陶瓷(包括网眼型和泡沫型两种)。

(3)添加造孔剂方法[60~62]

该工艺通过在陶瓷配料中添加造孔剂,并利用这些造孔剂在高温下燃尽或挥发而在陶瓷体中留下空隙。利用这种工艺可以制得形状复杂、气孔结构各异的多孔制品。但制品气孔率不能过高(一般低于 50%),且气孔分布均匀性差,其工艺与普通陶瓷工艺相似,关键在于造孔剂种类和数量的选择。

(4)颗粒堆积法[63,64]

在骨料中加入相同组分的微细颗粒,利用微细颗粒易于烧结的特点,在一定的温度下将大颗粒连接起来。由于每一粒骨料仅在几个点上与其他颗粒发生连接,因而形成大量三维贯通孔。一般而言,骨料颗粒越大,形成的多孔陶瓷平均孔径就越大;骨料颗粒的尺寸分布范围越窄,所得到的多孔体的微孔分布也就越均匀。

(5)溶胶-凝胶法[65,66]

溶胶-凝胶法主要用来制备微孔陶瓷材料,特别是微孔陶瓷膜。这种方法是利用溶胶在凝胶化的过程中,胶体离子间相互连接形成了空间网状结构。在这些网状孔隙中充满了溶液,这些溶液会在烧成过程中被蒸发掉而留下许多小孔。这些小孔大多为纳米级,因而形成了微孔陶瓷材料。溶胶-凝胶法可以制备孔径在纳米级、气孔分布均匀的多孔陶瓷薄膜。

近年来又发展了化学气相渗透(CVI)[67]和化学气相沉积(CVD)[68]、仿生结构制备[69]、升华-干燥工艺[70]、胶态成形技术[71]等。

2.2　SiC 预成型坯原料的选择与准备

2.2.1　SiC 粉料的选择与准备

为了制备高体积分数的 SiCp/Al 复合材料，必须先制备出高致密度的 SiC 预成型坯，试验选用 14μm(W14)、28μm(W28)、50μm(W50)和 85μm(W85)四种粒度工业磨料用的绿色 SiC 为主要原料，进行双尺寸颗粒配比制备 SiC 预成型坯。SiC 粉末的基本形貌如图 2-1 所示。

图 2-1　SiC 粉末形貌

由于磨料用的 SiC 颗粒都是在工业生产过程中直接经破碎得到的，表面污染比较严重，因此使用前需对之进行净化处理。其处理过程为先用蒸馏水清洗 2～3 次，再用 NaOH 稀碱溶液在超声清洗仪中 50℃下浸泡 30min，去除油渍，然后用蒸馏水冲洗过滤直至中性。将清洗过后的 SiC 粉体在 80℃的恒温干燥箱里干燥 12h 备用。

2.2.2　造孔剂的选择

为制备不同孔隙含量的 SiC 预成型坯，本实验采用添加造孔剂的方法，借助造孔剂的挥发留下孔隙，并通过调整造孔剂的含量来获得不同孔隙率的 SiC 预成型坯。作者尝试采用带有结晶水的硝酸铁($Fe(NO_3)_3 \cdot 9H_2O$)和硝酸镍($Ni(NO_3)_2 \cdot 6H_2O$)作为 SiC 预成型坯制备的造孔剂。硝酸盐在加热过程中由于结晶水的挥发以及硝酸盐自身分解产生的气体而在坯体中产生孔隙，且由于硝酸盐是以水溶液的形式加入 SiC 粉体中的，经过湿混过程，能保证各种粉末均匀分布。

2.2.3 黏结剂的选择

由于主要应用自氧化结合法制备SiC预成型坯，而黏结剂在坯体的制备过程中仅起到一个辅助作用，即在低温条件下给预成型坯一个黏结，使之具有一定的强度，因此本实验选取水玻璃作为黏结剂(技术指标如表2-1所列)。水玻璃是由碱金属氧化物和二氧化硅结合而成的可溶性碱金属硅酸盐材料，又称“泡花碱”。可根据碱金属的种类将水玻璃分为钠水玻璃和钾水玻璃，其分子式分别为$Na_2O \cdot nSiO_2$和$K_2O \cdot nSiO_2$，式中的系数n称为水玻璃模数。水玻璃模数越大，氧化硅含量越多，水玻璃黏度增大，易于分解硬化，黏结力增大。本实验采用的为钠水玻璃，因其有良好的黏结能力，硬化时析出的硅酸凝胶，不燃烧，在高温下干燥得更加强烈，且强度并不降低，甚至有所增加。在SiC预成型坯的烧结过程中，水玻璃能够附着在SiC颗粒表面形成一层硅酸凝胶层，且使SiC颗粒间紧密连接在一起形成一种稳定的具有连通孔的块状结构。另外，作为造孔剂加入的硝酸铁高温下也是一种不稳定的化合物，很容易分解为Fe_2O_3附着在SiC颗粒表面，一方面在烧结过程中起到黏结剂的作用，以增强SiC预成型坯的强度，且$Fe(NO_3)_3$分解时产生一个对外的压力差，在气体向外排逸的过程中能有效的保证SiC预成型坯中孔的连通性；另一方面，在浸渗过程中铝能与预成型坯中的Fe_2O_3发生铝热反应，改善Al与SiC的润湿性，从而促进浸渗过程。

表2-1 水玻璃规格及技术指标

$w(SiO_2)$ %	$w(Na_2O)$ %	w(Fe) %	w(水不溶物) %	密度 $g \cdot cm^{-3}$	模数	外观
≥29.2	≥12.8	0.02～0.05	0.2～0.8	1.53～1.56	2.2～2.5	半透明黏稠状

2.3 SiC颗粒级配的选择

高体积分数SiCp/Al复合材料的性能会随着SiC体积分数的变化而变化。为了使所制备的材料满足一些特定的要求，SiC的体积分数要求尽可能的高。例如为了获得较低的热膨胀系数，SiC 的体积分数应尽可能地高。采用粒径较大的粉末以及通过不同粒径粉末的合理搭配可以提高预成型坯的 SiC 体积分数。下面将深入讨论粉末特性及粒度搭配对 SiC 粉末体积分数的影响机理。

一种粉末的堆积密度是指在不施加外力的情况下，粉末堆积所能达到的最大密度，粉末颗粒大小、形状以及粒度分布是影响颗粒堆积密度的重要因素。如果全部采用大小均一的正六方体进行堆积，在理论上可以达到无间隙、完整无缺的理想状态的充填，也就是增强相的堆积达到 100%，但是实际上受颗粒形状以及粒度分布的影响，这是不可能的。

2.3.1　单一球形颗粒的堆积

对于单一球形颗粒，最基本的致密排列结构是面心立方结构，包括立方密堆以及六方密堆两种排列方式，这两种情况的堆积密度为 74%。但是，对于实际球体来说，像这样的理想堆积是不可能的。一般地，等径球体的堆积密度总是小于 63%，而对于不规则形状的颗粒则堆积密度可能更低。

图 2-2 是颗粒形状对堆积密度影响示意图[72]。可以看出，颗粒形状不规则粉末的堆积密度不如球形粉末的高；随着颗粒形状球形化，其堆积密度也逐渐增加。对于单一粒径的球形粉末，其堆积密度在理论上不受颗粒尺寸的影响；而对于不规则形状的粉末，随着颗粒尺寸的减小，其比表面增大、颗粒间的接触面积增加，使得颗粒间的摩擦力增大，造成其填充疏松。

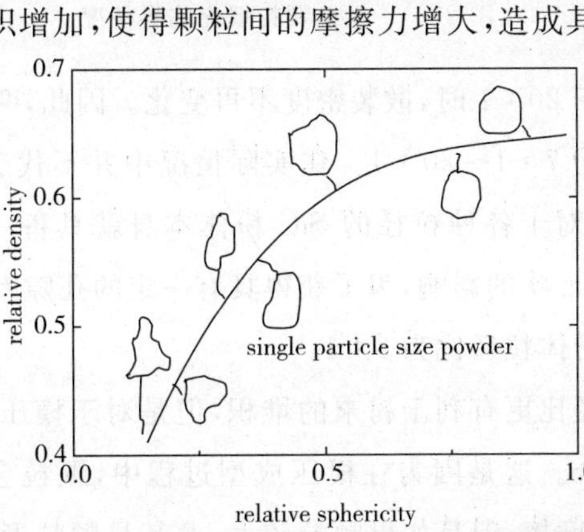

图 2-2　单一粒度颗粒的相对密度与粉体球形度的关系

2.3.2 粒度级配对堆积密度的影响

可以设想,向均一球形颗粒堆积产生的间隙中填充适当大小的二次小球,将可以提高颗粒整体的堆积密度,如果继续向一次球和二次球之间堆积产生的间隙中填充更小的三次球,则可以进一步提高堆积密度,依此类推。值得注意的是,在填充的过程中填充球的大小比例要适当,只有选择合适的比例才能有效地提高粉末的堆积密度。选择的粒径比例较小时,则有可能使原来的球分离,而不会使堆积密度有显著的提高。图 2-3 所示为最紧密堆积的情况。在这种情况下,经计算所得到的粗细颗粒比约为 7∶1。有文献指出,选择合适的粒径比大于 7∶1 填充时,两种粒径球形混合粉的最大堆积密度近于 86%,而对单一粒度球形颗粒组成的粉末则是 63%,这意味着堆积密度有大幅度增加。对三种粒度混合粉,其最大散装密度则为 95%[72]。

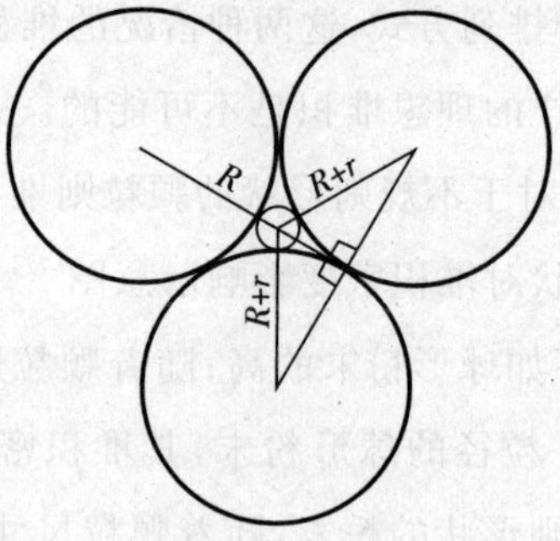

图 2-3　粗细颗粒填充临界情况

当粒径比大于 20∶1 时,散装密度不再变化。因此,两种颗粒混合时,合适的粒径比应该为 7∶1～20∶1。在实际情况中并不代表 SiC 预成型坯的致密度越高越好,对于各种粒径的 SiC 粉体本身就具备一定的颗粒粒径分布,且考虑到颗粒形状的影响,为了获得具有一定的孔隙率 SiC 预成型坯,本实验选择的 SiC 粉体粒径比为 3∶1。

虽然大的粒径比更有利于粉末的堆积,但是对于模压成型工艺来说,过大的粉末并不适合。这是因为在模压成型过程中,颗粒会发生旋转位移以重新堆砌,以减小摩擦,但是如果颗粒较大,尤其是颗粒形状不规则时,则该过程中的颗粒很难重排,这就容易造成粉末与黏结剂的分离而在预成型坯中产生气孔。因此对于 SiC 粉末的模压成型工艺，最佳的模压成型粉末粒度应控制在 7μm～100μm。因为粒径过小时，在后期熔渗过程中，可能会由于颗粒间孔隙太小而造成铝合金很难熔渗进去；而粒径过大时，虽然能够获得高的堆积密度，但是如上讨论所述，压制过程中粉料的充模性差，容易产生很多缺陷，如气孔等。

采用常温模压成型工艺制备 SiC 预成型坯，两种粒径组元混合更有利于提高粉末的堆积密度，并且两种粉末混合与更多粒径的粉末混合相比更容易进行，混合的也更均匀。因此，实验将重点讨论两种粒径混合过程中，粒径比以及混合比例对堆积密度的影响。

2.3.3　双组元颗粒级配对堆积密度的影响

对于双组元颗粒混合体系，为了提高振实密度，所加入的粉末必须填入孔隙位置而不能使总体积膨胀。图 2－4 描述了随机紧密堆积的基本行为[72]，即比体积与粗细球形混合颗粒组成的关系。对粗颗粒而言，在细颗粒尚未填满粗颗粒间的空隙时，随着细颗粒的增加，混合粉的比体积减小，在所有的空隙都被细颗粒填满后，比体积最小（堆积密度最大），此时粗颗粒处于相互接触的状态，而所有的空隙都被细颗粒占据；继续增加细颗粒，则会使粗颗粒彼此分开，堆积密度降低。因此，提高堆积密度的关键因素是粒径比，在一定范围内粒径比越大，则堆积密度也就越高。

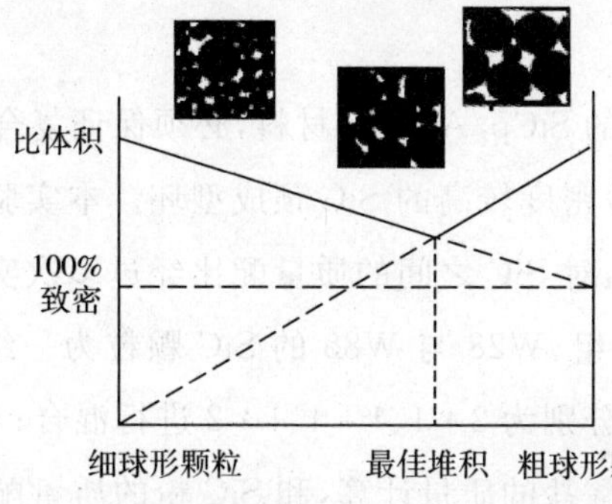

图 2－4　粗细球形颗粒混合粉的比体积与其组成的关系

与球形颗粒的规律相似，不规则形状颗粒两种粒度搭配也能够提高堆积密度。但是，非球形颗粒与球形颗粒一个主要的差别就是后者的初始堆积密度比前者更高。Zheng 等[71] 充分考虑了粒径比、混合比例以及不同的起始堆积密度的影响，通过对 Furnas 模型进行修正得到一个经验公式，用于计算不同粒径比颗粒混合时的堆积密度：

$$PE_{mix}=PE_c+(1-PE_c)PE_fF_1(X_f)F_2(R) \tag{2-1}$$

式中，F_1 是细颗粒体积分数（X_f）的函数：$F_1(X_f)=|eX_f\text{In}X_f|^{C_1}$，其中 C_1 并非简单常数，而是 PE_c 的函数：$C_1=\frac{5}{4PE_c}$

F_2 是粗颗粒粒径比 R 的函数：$F_2=\exp\left(-\frac{C_2}{R}\right)$，$R$ 是粒径比；C_2 是常数，当 $PE_c=PE_f=0.5\sim0.6$ 时，$C_2=4$，所以双组元的堆积密度经验公式可以表示为：

$$PE_{mix}=PE_c+(1-PE_c)PE_f|eX_f\text{In}X_f|^{\frac{5}{4PE_c}}\exp\left(-\frac{4}{R}\right) \tag{2-2}$$

任淑彬等按照上述实验模型进行拟和，发现当 $R<5$ 时，实验值与经验公式符合较好，说明该公式具有一定的准确性。同时也进一步说明本实验选择的 SiC 粉体粒径比为 3∶1 是正确的。

2.4 实验过程

(1)配料

制备高体积分数的 SiCp/Al 复合材料，必须保证复合材料中 SiC 的含量较高，即首先要制备致密度较高的 SiC 预成型坯。本实验采用双尺寸的 SiC 颗粒来制备预成型坯，对 SiC 之间的质量配比经过多次实验后确定，W14 与 W50 的 SiC 颗粒为一组、W28 与 W85 的 SiC 颗粒为一组，且两组中 SiC 颗粒之间均按照质量比分别为 2∶1、1∶1、1∶2 进行混合；对造孔剂的加入，以排除结晶水在外的硝酸盐的质量计算，和 SiC 粉的质量配比分别为 0∶100、10∶90、20∶80。

(2)混料

混料是指将两种或两种以上不同成分的粉末混合均匀的过程。混料的方法有干混和湿混两种。混合时，物料分布的均匀程度在很大程度上取决于各个组元的比重和粉体颗粒大小之比。比重和颗粒大小越接近，获得均匀的混合料的可能性就越大。实验中，将称量好的造孔剂硝酸盐先充分溶解在蒸馏水中，后添加到配制好的SiC混合粉中，然后加入质量分数为1%的硬脂酸锌作为润滑剂，再添加质量分数为5%的水玻璃作为黏结剂，再在滚筒式混料机中湿混8h，最后将经过混合的粉末在80℃恒温箱里干燥备用。

(3)冷压成型

成型是将粉末变成一定形状尺寸和强度的坯体的工艺过程。压制成型的实质是在外力的作用下，颗粒在模具内相互靠近，并借内摩擦力及由于颗粒形状不规则而产生的机械啮合力把各颗粒联系起来，保持一定的形状。对于成形性较差的陶瓷粉体，则主要靠成形剂将粉料黏合在一起。本实验采用粉末常温模压成型的方法压制，对混合粉末在手动陶瓷压片机上以100MPa的压力压制成型，制备出Φ11.5mm×3mm的圆片试样和40mm×5mm×5mm的条状试样。该方法工艺简单、周期短、效率高。

(4)坯体干燥

由于经冷压成型的预成型坯强度低，在干燥过程中易变形、开裂。为了防止在干燥过程中预成型坯的变形和开裂，试验采用分阶段逐步升温的方法进行干燥。其干燥升温曲线如图2-5所示。

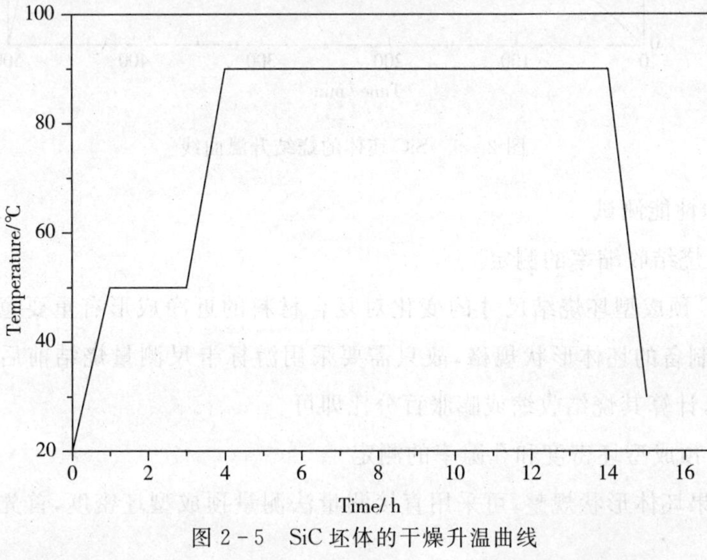

图2-5 SiC坯体的干燥升温曲线

(5)SiC 预成型坯的烧结

SiC 具有优异的抗高温氧化能力,在保护气氛下,即使 1500℃以上的高温处理也很难将纯 SiC 粉末烧结起来。但在空气气氛下,SiC 在不到 1000℃即可发生氧化反应,在其表面产生一层致密的 SiO_2 氧化层膜。而且,作为黏结剂加入的水玻璃具有非常优秀的黏结能力,硬化时析出的硅酸凝胶不燃烧,在高温下干燥得更加强烈,且强度并不降低,甚至还有所增加,对 SiC 预成型坯的烧结起到一个很重要的作用。另外硝酸盐的热分解可产生 Fe_2O_3/NiO,对 SiC 的烧结起到一定的黏结作用,使之结合成具有一定强度预成型坯。其烧结升温曲线如图 2-6 所示。利用美国 TA 公司生产的 SDT2960 热分析联用仪可对 SiC 预成型坯的烧结过程进行分析。

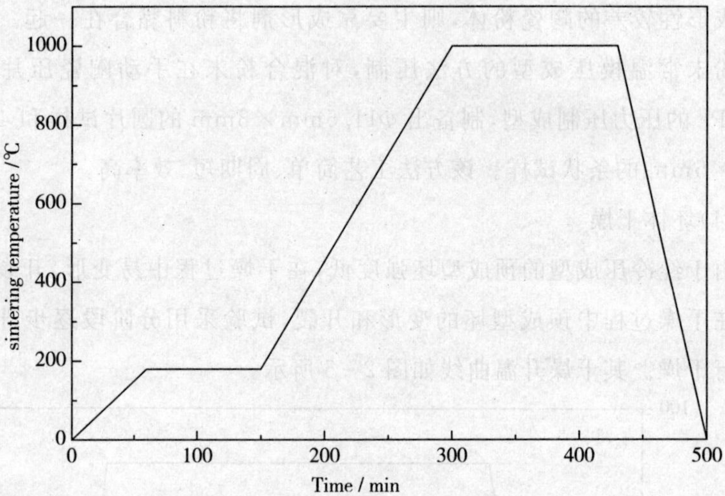

图 2-6　SiC 坯体的烧结升温曲线

(6)性能测试

① 烧结收缩率的测定

SiC 预成型坯烧结尺寸的变化对复合材料的近净成形有重要意义。由于实验制备的坯体形状规格,故只需要采用游标卡尺测量烧结前后预成型坯尺寸,计算其烧结收缩或膨胀百分比即可。

② 预成型坯密度和孔隙率的测定

如果坯体形状规整,可采用直接测量法测量预成型坯密度,首先用电子天平称量预成型坯的质量，再用游标卡尺精确测量条状试样的长、宽、高和圆片试样的直径、高，并算出体积，然后用公式计算出预成型坯的密度和孔隙率，其计算公式如下：

$$\rho_{测}=\frac{m_{测}}{V_{测}} \tag{2-3}$$

$$\varphi=1-\frac{\rho_{测}}{\rho_{测}} \tag{2-4}$$

式中，$m_{测}$、$V_{测}$ 分别为 SiC 预成型坯的测量质量和体积；$\rho_{理}$、$\rho_{测}$ 分别为 SiC 预成型坯的理论密度和测量计算密度；φ 为预成型坯的孔隙率。

但考虑到直接测量法带来的误差较大，所以本实验采用阿基米德排水法测定 SiC 预成型坯的孔隙率以及它们各自相应的密度。密度计算公式为：

$$\rho_{物}=\frac{m_{干}}{V_{排}}=\frac{m_{干}\,\rho_{水}}{m_{湿}-m_{水中}} \tag{2-5}$$

式中，$\rho_{物}$ 为所测试样的密度，$g \cdot cm^{-3}$；$m_{干}$ 为试样干燥时的质量，g；$V_{排}$ 为试样浸入水中排开水的体积，cm^3；$m_{水中}$ 为试样浸入水中的质量，g；$m_{湿}$ 为试样浸湿时的质量，g；$\rho_{水}$ 为水的密度，$g \cdot cm^{-3}$。

测量密度和孔隙率时，首先将试样表面清洗干净，然后再在蒸馏水中煮沸 30min。

孔隙率计算公式为：

$$\varphi=\frac{m_{湿}-m_{干}}{m_{湿}-m_{水中}}\times 100\% \tag{2-6}$$

式中，φ 为坯体的孔隙率。

③ 预成型坯抗压强度的测定

预成型坯的强度在很大程度上影响复合材料后续的渗透，当预成型坯的强度不能满足需要时，在高温铝合金液中预成型坯容易发生散落与膨胀等，不利于复合材料的近净成形且影响复合材料的最终性能。本实验利用日本岛津 DCS—5000 型万能试验机测试预成型坯的抗压强度。

2.5 实验结果与讨论

2.5.1 SiC 预成型坯的差热-热重分析

SiC 预成型坯的烧成温度主要由 SiC 和造孔剂 $Fe(NO_3)_3 \cdot 9H_2O$ 或 $Ni(NO_3)_2 \cdot 6H_2O$ 决定，SiC 粉体借助其表面氧化生成的 SiO_2 和造孔剂生成的 Fe_2O_3 或 NiO 将素坯连接成具有一定强度的多孔骨架。由 SiC 预成型坯的热分析曲线(图 2-7)可知，$Fe(NO_3)_3 \cdot 9H_2O$ 和 $Ni(NO_3)_2 \cdot 6H_2O$ 均分别在 300℃前分解完全，500℃时黏结剂也消耗殆尽，此时 SiC 颗粒之间由生成的 Fe_2O_3 和 NiO 连接并具有一定强度，使得预成型坯不至于坍塌。SiC 在 600℃以下基本不氧化，在 700℃以上表现开始氧化，SiC 增重相对较慢。烧结温度在 900℃以上时，SiC 粉体能通过氧化生成的 SiO_2 膜黏结到一起，也能有效防止 SiC 多孔陶瓷坍塌。氧化温度过高时，SiC 表层的氧化膜过厚，会严重影响 SiCp/Al 复合材料的性能，特别是导热性能，同时还会导致烧结膨胀过大、坯体易变形，对精确控制坯体尺寸不利[65]。由于预成型坯中存在的 Fe_2O_3 或 NiO 也起到联结 SiC 颗粒的作用，因此综合各种因素，素坯的烧结温度确定在 1000℃，保温时间为 2h。

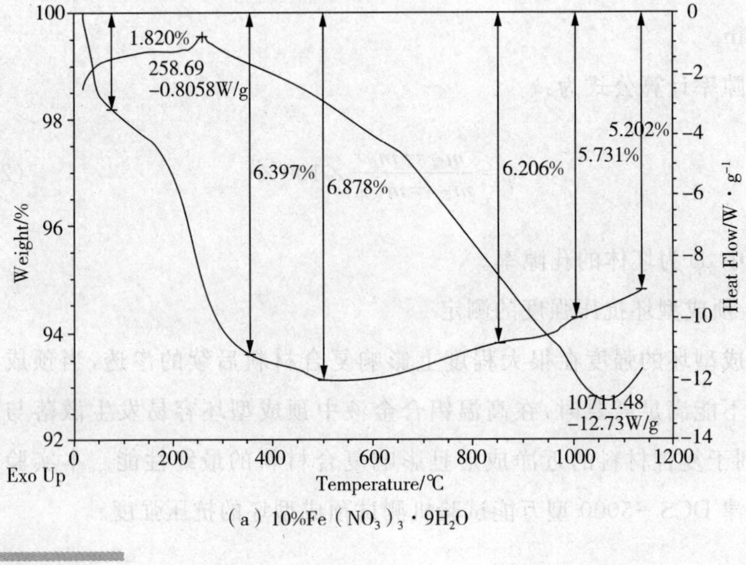

(a) $10\%Fe(NO_3)_3 \cdot 9H_2O$

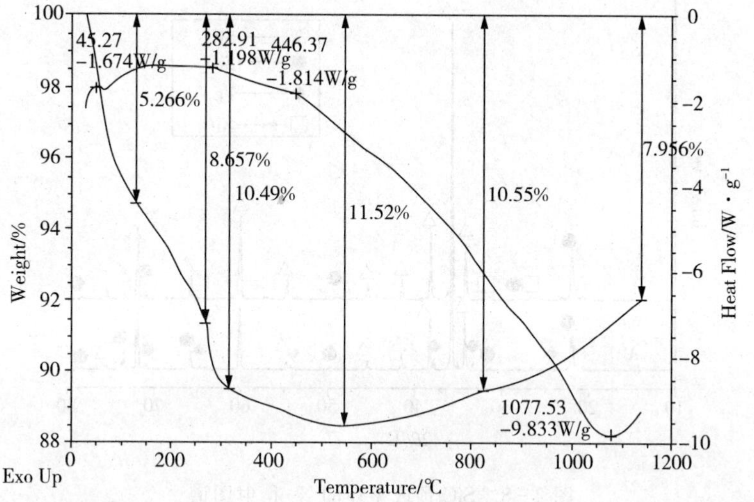

(b) 10%Ni(NO_3)$_2$·$6H_2O$

图 2-7 SiC 预成型坯的差热-热重曲线

2.5.2 SiC 预成型坯的物相组成及显微组织

图 2-8 中 A、B 分别为加硝酸铁和硝酸镍的预成型坯烧结后的 X 衍射图谱。由烧结 SiC 陶瓷骨架的 X 衍射分析表明，在预定的烧结温度下，陶瓷骨架中有 SiC 和其表面氧化生成结晶态的 SiO_2 及造孔剂生成的 Fe_2O_3 或 NiO 存在，无其他残留。已知 SiO_2 氧化膜在无压浸渗制备 SiCp/Al 复合材料中起着至关重要的作用，同样 Fe_2O_3 或 NiO 的存在也起到重要的作用，Fe_2O_3 或 NiO 膜的存在大大减少了 SiC 的损失，在预成型坯制备阶段起到黏结 SiC 粉体的作用，使之形成具备一定强度的陶瓷骨架，而且在随后的工序中能通过液-固界面反应有效改善 SiC 与铝液之间的润湿性[66]，促使铝液自发向 SiC 多孔陶瓷中渗入。同时由于 SiO_2 氧化膜和 Fe_2O_3 或 NiO 膜的存在，保护其内部的 SiC 无法与铝液直接接触，避免了有害物 Al_4C_3 的形成。

在干燥且不含腐蚀性介质的气氛中，单晶或多晶 SiC 的氧化因气氛中氧分压的不同而分为活化氧化和钝化氧化两种。高氧分压下的钝化氧化在 SiC 表面形成均匀、致密的氧化膜[78]：

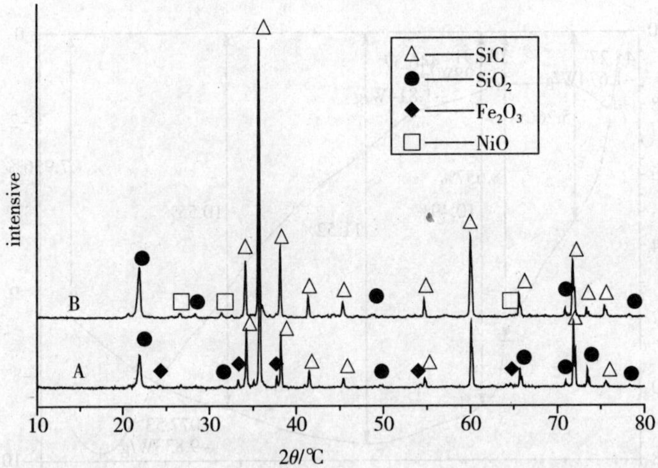

图 2-8　SiC 预成型坯的 X-衍射图谱

$$SiC_{(x)}+\frac{3}{2}O_2=SiO_2(s)+CO(g) \tag{2-7}$$

在本实验温度下，SiC 氧化速度慢，供氧充分，能获得致密的氧化膜，而且硝酸盐的分解过程中生成一定量的氧气能加速 SiC 的氧化。

图 2-9 为加入 $Fe(NO_3)_3 \cdot 9H_2O$（质量含量为 10%）的 SiC 预成型坯的断口扫描电镜图。由图 2-9(a)可以看到，SiC 颗粒棱角分明，很好地维持最初始的外形，彼此紧密地堆积在一起。表面与孔隙之间有较小的颗粒（粒径在 1μm～5μm）存在，由图 2-9 可知小颗粒为 Fe_2O_3。从图 2-9(a)中还可以看出，加入硝酸铁后，SiC 预成型坯的孔洞分布较为均匀，且孔径大小较为均匀，为 5μm 左右，氧化铁颗粒附着在 SiC 表面。由图 2-9(b)可以看出，氧化生成的 SiO_2 和 Fe_2O_3 起到连接颗粒的作用（如图 2-9(b)中箭头所指），从而使得预成型坯有一定强度，阻止其在烧结和渗铝过程中坍塌。

图 2-10 为加入 $Ni(NO_3)_2 \cdot 6H_2O$（质量含量为 10%）预成型坯烧结后的断口形貌图。由图 2-10(a)中可以看出，其有较大孔存在且分布不均，存在少部分团聚现象，有可能是因混料不均造成的（如图 2-10(a)所示），生成的 NiO 存在于 SiC 颗粒之间及表面，在 SiC 颗粒表面有大约 1μm 厚的薄层生成，使得 SiC 颗粒表面变得非常光滑（如图 2-10(b)箭头所示）。SiC 具有很高的弹性模量和耐高温性能，在压制成型和低温烧结过程中基本不发生

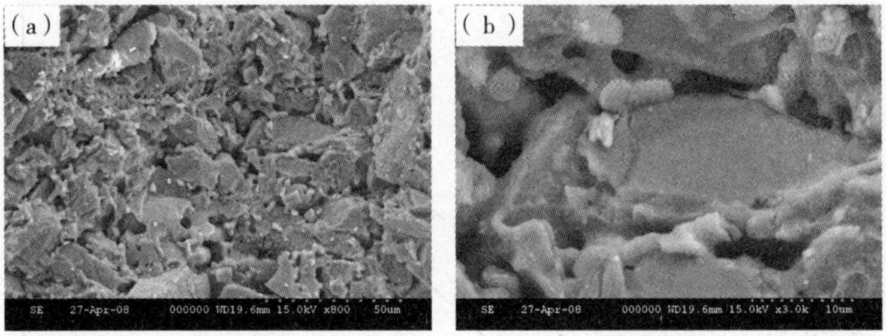

图 2-9　SiC 预成型坯的断口形貌(10%的 $Fe(NO_3)_3 \cdot 9H_2O$)

变形，能很好地保证粉体间形成孔隙的连通性，最终构成三维空间互通的开放间隙网络。

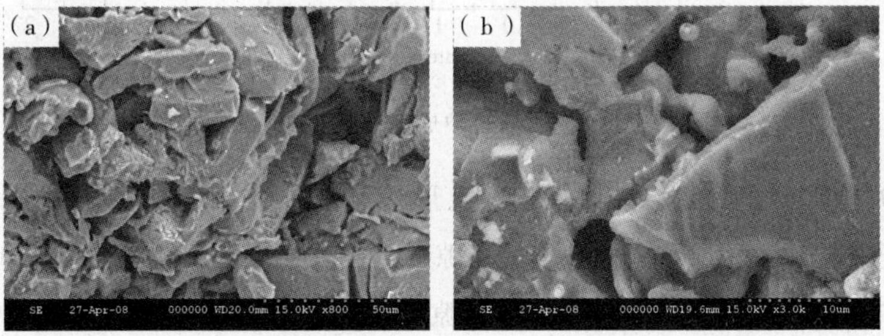

图 2-10　SiC 预成型坯的断口形貌(10%的 $Ni(NO_3)_2 \cdot 6H_2O$)

2.5.3　造孔剂含量对 SiC 预成型坯性能的影响

2.5.3.1　造孔剂含量对 SiC 预成型坯抗压强度的影响

为了保持预成型坯的形状以免在浸渗过程中被损坏，多孔预成型坯必须具有一定的强度。研究表明[55]，当预成型坯的抗压强度大于 5MPa 时，则预成型坯足以保证浸渗时不会损坏。图 2-11 为预成型坯抗压强度随造孔剂增加而变化的示意图。由图中可知，预成型坯的抗压强度远远大于 5MPa，且随着造孔剂含量的增加而增大。

2.5.3.2　造孔剂含量对 SiC 预成型坯的孔隙率和烧结尺寸变化的影响

配料中加入硝酸铁和硝酸镍，由于这些物质颗粒较细从而填充在紧密堆积的 SiC 颗粒间隙形成的孔隙中，并在加热分解后在预成型坯中留下孔隙，从而制备出孔隙率接近 40%的多孔预成型坯。多孔预成型坯中的孔隙

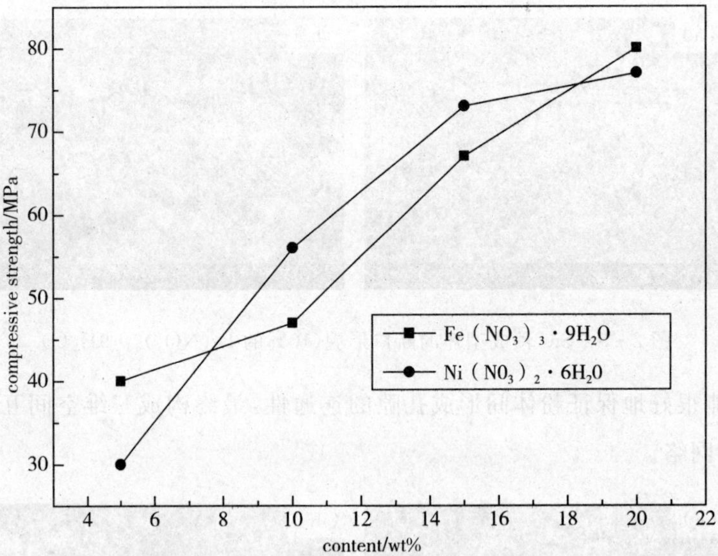

图 2－11　造孔剂对预成型坯抗压强度的影响

最终被铝所填充，其数量(体积分数)、形状与分布决定了复合材料中铝的体积分数与分布。因此，预成型坯的孔隙率直接决定了复合材料的组织和性能。造孔剂添加量对烧结 SiC 预成型坯孔隙率的影响如表 2－2 所示。从表中可以看出，SiC 预成型坯的孔隙率随着造孔剂添加量的增加而增加，但 SiC 预成型坯的孔隙率变化并不与造孔剂的添加量呈正比，而是低于造孔剂的增量。这是由于造孔剂是以溶液的形式加入 SiC 混合粉中，在干燥的时候，硝酸盐溶液在 SiC 颗粒的间隙中沉积结晶所致。同时可以看出双尺寸颗粒配比的 SiC 预成型坯，通过小颗粒进入大颗粒堆积间隙能在一定程度上提高 SiC 预成型坯的相对密度，当发现粗颗粒和细颗粒的配比为 2∶1、造孔剂含量为 10%时，SiC 预成型坯的相对密度最高，此时预成型坯的相对密度在 0.60 左右。

表 2－2　造孔剂添加量对 SiC 预成型坯孔隙率的影响

Sic 粉末配比		$Fe(NO_3)_3$ 含量			$Ni(NO_3)_2$ 含量		
		0	10%	20%	0	10%	20%
W85/W28	1∶2	37.4	42.4	46.3	37.4	52.4	56.3
	1∶1	36.9	40.9	45.8	36.9	50.3	53.9
	2∶1	35.6	39.5	44.7	35.6	48.5	48.2

（续表）

Sic 粉末配比		Fe(NO_3)$_3$ 含量			Ni(NO_3)$_2$ 含量		
		0	10%	20%	0	10%	20%
W50/W14	1∶2	39.1	41.4	46.1	39.1	46.4	56.1
	1∶1	36.6	40.6	45.2	36.6	44.6	54.2
	2∶1	35.2	39.2	44.4	35.2	40.6	50.6

造孔剂的质量分数与预成型坯孔隙率的关系如图 2－12 所示。从图中可以看出，随着硝酸铁含量的增加，多孔预成型坯的孔隙率逐渐减小，但变化不明显。这是因为由于硝酸铁存在于紧密堆积 SiC 颗粒间隙形成的孔隙中，所生成的 Fe_2O_3 填充在孔隙中，占有一定孔洞。随着硝酸铁含量的增加，生成的 Fe_2O_3 也逐渐增多，占有的孔隙也逐渐多，从而使得预成型坯的孔隙率略有下降。当预成型坯中硝酸镍的质量分数为 5%时，多孔预成型坯的孔隙率远高于质量分数大于 10%时的孔隙率，这可能是实验过程中产生的误差；当预成型坯中造孔剂的质量分数由 10%增至 30%时，多孔预成型坯的孔隙率略有下降但变化不明显，此时多孔预成型坯的孔隙率趋于 41%，同样是由于生成的 NiO 占有了一定孔隙的结果。

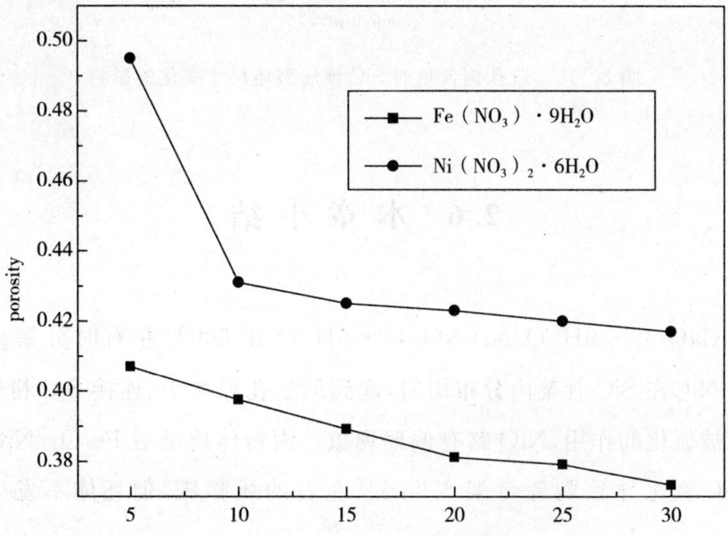

图 2－12　造孔剂含量对 SiC 预成型坯孔隙率的影响

由图 2-13 可知，SiC 粉体氧化结合时产生膨胀，但不足以使坯体产生变形，加入 $Fe(NO_3)_3 \cdot 9H_2O$ 的预成型坯膨胀较小。产生膨胀的原因有两方面：一是由于硝酸盐分解生成的金属氧化物占据了一定的 SiC 颗粒本征孔隙以及 SiC 氧化生成 SiO_2 膜引起颗粒增大所致；另一方面是由于烧结时硝酸盐分解产生的二氧化氮气体快速通过 SiC 颗粒间隙排出而产生的向外张力。

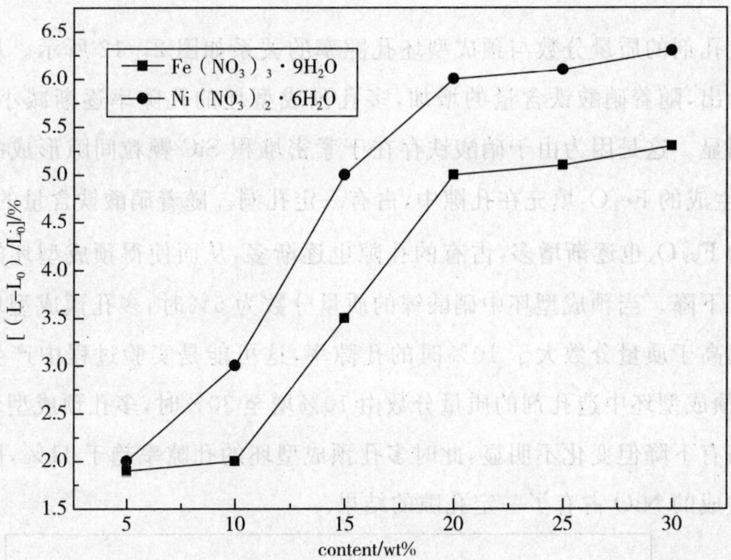

图 2-13　造孔剂含量对 SiC 预成型坯尺寸变化的影响

2.6　本章小结

$Fe(NO_3)_3 \cdot 9H_2O/Ni(NO_3)_2 \cdot 6H_2O$ 在 300℃左右时分解生成的 Fe_2O_3/NiO 在 SiC 骨架内分布均匀，起到调整孔隙大小、连接 SiC 粉体和阻止 SiC 被氧化的作用，NiO 略有偏聚现象。因粉体烧结后 Fe_2O_3/NiO 的存在和 SiC 氧化导致陶瓷骨架产生 5%左右的线膨胀，但坯体不发生形状改变。

通过调整 $Fe(NO_3)_3 \cdot 9H_2O/Ni(NO_3)_2 \cdot 6H_2O$ 含量，可分别制备出孔

隙率为(35%～46%/35%～56)%的多孔预成型坯。随着两者含量的增加，多孔预成型坯的孔隙率逐渐减小，但变化不明显。这是因为由于硝酸盐分解后生成的 Fe_2O_3/NiO 填充在孔隙中，占有一定孔洞，随着两者含量的增加，生成的 Fe_2O_3/NiO 逐渐增多，占有的孔隙也就逐渐多，从而使得预成型坯的孔隙率略有下降。

采用 $Fe(NO_3)_3 \cdot 9H_2O$ 作为造孔剂，能获得孔隙大小与分布较均匀的 SiC 多孔预成型坯。碳化硅发生氧化反应，$Fe(NO_3)_3 \cdot 9H_2O$ 受热分解而去除；碳化硅粉体因其氧化产生的 SiO_2 膜、水玻璃的硬化作用生成的硅酸凝胶以及 $Fe(NO_3)_3$ 的分解形成的 Fe_2O_3 的共同作用而聚合在一起，形成陶瓷骨架。SiC 粉体间的本征孔隙和 $Fe(NO_3)_3$ 去除后留下的孔隙一起构成一个三维相互连通的、开放的孔隙网络；$Fe(NO_3)_3$ 去除在 SiC 预成型坯中留下的孔隙分布均匀，没有偏聚现象。

第 3 章 SiCp/Al 复合材料的无压熔渗过程

在无压熔渗制备 SiCp/Al 复合材料工艺过程中,液态铝合金能否自发的渗透到 SiC 预成型坯所有孔隙中是能否获得致密 SiCp/Al 复合材料的关键。因此,研究其熔渗过程及机理具有重要意义。本章采用无压熔渗工艺制备高体积分数 SiCp/Al 复合材料以探讨 SiCp/Al 复合材料的自发浸渗过程并分析其熔渗机理,同时对铝合金液在 SiC 预成型坯中的浸渗行为及动力学进行了分析。

3.1 引 言

无压熔渗法作为一种低成本制备全致密、高性能金属/陶瓷复合材料的新型复合成形工艺,是在充分利用熔融金属与特殊的渗透气氛之间的反应润湿基础上实现的,因此金属与陶瓷良好的润湿性是实现无压熔渗的必要条件;另外,复合材料的性能不仅取决于基体和增强体各自的性能,而且很大程度上取决于基体和增强体界面的相容性,即界面的结合状况,理想的界面结合可以有效地提高材料的性能。但是,常见的金属-陶瓷的润湿性与相容性都比较差。改变金属-陶瓷润湿性的主要方法有:使用涂层技术、提高润湿过程中的温度、添加合金元素等[73,74]。William B 等[75]研究了铝渗透金刚石制备低膨胀、高导热的电子封装材料,为避免金刚石的分解,采用化学气相渗透(CVI)的方法在金刚石表面沉积 SiC 涂层,从而将液态铝的渗入金刚石坯体转换成 Al - SiC 的界面反应与控制,成功实现金刚石-铝复合体系的制备。对 Cu - Al_2O_3[76],Fe/Ni - Al_2O_3[77]等无压熔渗体系也有报道。鉴于 SiCp/Al 的原材料来源广，复合体系性能优异，且有巨大的发展前景，人们对该体系的研究更多。

3.1.1　SiCp/Al 体系润湿性的研究

润湿性的改善是无压熔渗工艺得以实现的基础，因而研究 SiCp/Al 之间的润湿性对了解和认识无压熔渗机理具有重要意义。近年来国内外关于陶瓷/金属润湿性的研究结果表明，界面反应能改善 SiCp/Al 之间的润湿性，甚至达到完全润湿。

润湿性是指液相对固相的润湿能力，通常用接触角 θ 表示。如图 3-1 所示[78]。其中，σ_{sv} 为固/气界面张力；σ_{lv} 为液/气界面张力；σ_{sl} 为固/液界面张力。当液滴与固相表面接触时，新的固/液界面取代原来的固/气界面和液/气界面，如果 $\sigma_{sv}+\sigma_{lv}\cos\theta>\sigma_{sl}$，液滴就会在润湿驱动力（$\sigma_{sv}+\sigma_{lv}\cos\theta-\sigma_{sl}$）作用下沿固相表面自动铺展开，如图 3-1(a)所示；反之，如果 $\sigma_{sv}+\sigma_{lv}\cos\theta<\sigma_{sl}$，则如图 3-1(b)所示。在液相铺展过程中，随着固/气表面积的降低和液气表面积、液固表面积的增加，固相的表面自由能逐渐减小，而液相的表面自由能及固/液界面能逐渐增加，三者之间存在一个平衡态，平衡点处界面张力的关系可以通过杨氏方程表示：

$$\sigma_{sv}-\sigma_{st}=\sigma_{ly}\cos\theta \tag{3-1}$$

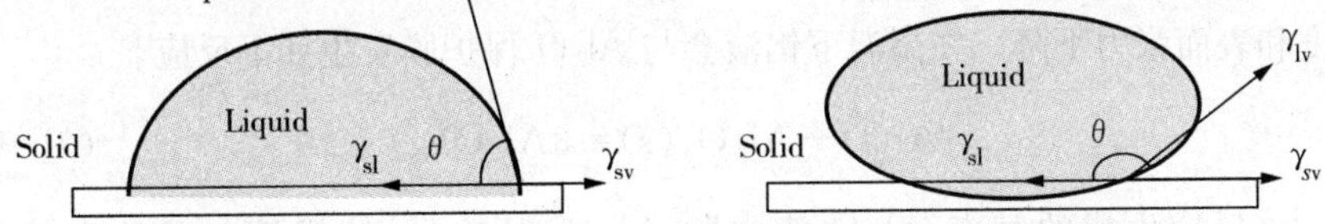

（a）润湿　　（b）不润湿

图 3-1　座滴法测量润湿性示意图

实现无压熔渗的条件是接触角 θ 必须小于 90°，也就是固/气界面张力 σ_{sv} 应大于固/液界面张力 σ_{sl}，并且 σ_{sv} 和 σ_{sl} 越小，θ 越小，润湿性越好，所以可通过提高固相的表面张力 σ_{sv}，降低液/气的表面张力 σ_{lv}、固/液的界面张力 σ_{sl} 等来调整润湿角，这也是所有改善界面润湿性方法的理论基础。

图 3-2、图 3-3 分别给出了不同研究者在真空条件下采用座滴法测定

的SiC-Al 润湿角与温度的关系[79,80]以及添加 Si 对润湿性的影响[81]。虽然真空度与接触时间不同，但总的变化趋势相同，即润湿角随温度的升高，润湿角不断降低，直至润湿。

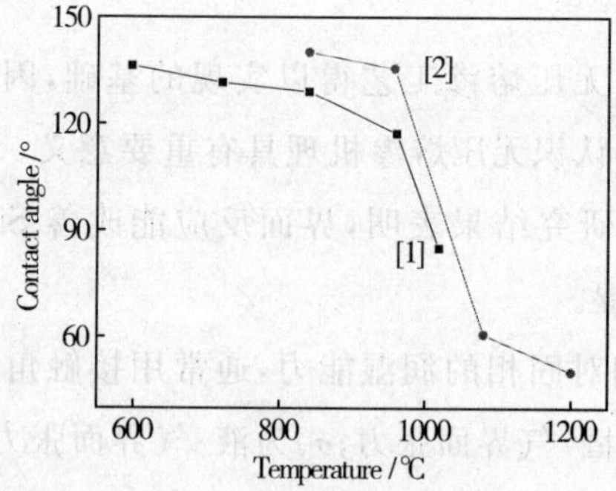

图 3-2　SiC-Al 润湿角与温度、真空度的关系

铝合金中引入 Si 能明显改善润湿性。事实上液态铝极易与空气中的氧气发生反应，生成致密的 Al_2O_3 保护膜 1cal=4.1868J：

$$4Al(l)+2O_2(g)=2Al_2O_3(s) \qquad (3-2)$$

$$\Delta G^{\circ}=-806,520+156.22T(cal) \qquad (3-3)$$

反应的驱动力相当大，如在 750℃时平衡氧分压仅为 8.99×10^{-44} atm（$1atm=1.013\times10^5 Pa$），因而铝液表面的氧化在现有真空技术条件下无法避免，该氧化膜阻止铝液与 SiC 直接接触，导致润湿性差[82]。随着温度的升高，铝液的黏度和表面张力下降。在高温下铝液会与 Al_2O_3 保护膜发生如下反应[83]：

$$4Al(l)+Al_2O_3(s)=3Al_2O(g) \qquad (3-4)$$

该反应生成的气态 Al_2O 能去除 Al_2O_3 保护膜，使铝液与 SiC 直接接触，从而导致如图 3-2 所示的润湿性的急剧转变，在高真空条件下的转变温度为 900℃，且真空度越高，润湿性转变温度越低。Al 与 SiC 之间的润湿并不是两者间的直接润湿，而是典型的反应润湿。因为在 650℃左右，SiC 就与 Al 发生如下反应[84]：

$$3SiC(s)+4Al(l)=Al_4C_3(s)+3[Si]_{Al} \qquad (3-5)$$

$$\Delta G^{\circ}=-10950+17.23T(cal) \qquad (3-6)$$

生成的界面产物降低了固-液界面能 γ_{sl}，改善了 SiC 与 Al 之间的润湿性[85]。由于在现有真空条件下该反应温度低于铝液表面氧化膜 Al_2O_3 消失的温度，所以一旦氧化膜破裂，Al 与 SiC 直接接触便发生上述反应，实现反应润湿。反应润湿受反应进程控制，不仅与温度有关，而且还与接触时间有关，这是与物理润湿（非反应润湿）的不同之处。随着时间的延长，润湿角进一步降低，直至趋于稳定（如图 3-3 所示）。

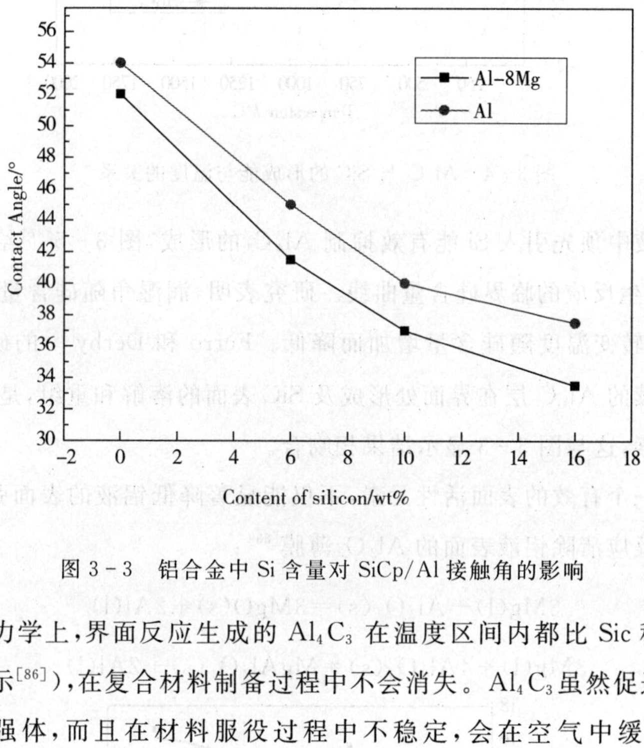

图 3-3 铝合金中 Si 含量对 SiCp/Al 接触角的影响

在热力学上，界面反应生成的 Al_4C_3 在温度区间内都比 Sic 稳定。（如图3-4所示[86]），在复合材料制备过程中不会消失。Al_4C_3 虽然促进润湿，但消耗了增强体，而且在材料服役过程中不稳定，会在空气中缓慢水解而粉化：

$$Al_4C_3 + 12H_2O = 3CH_4 + 4Al(OH)_3 \qquad (3-7)$$

不仅温度、真空度（氧含量）、接触时间对 SiC-Al 界面反应及润湿有影响，铝液合金化、SiC 表面改性、气氛的作用也十分显著。合金元素对 SiC-Al润湿性的影响已进行了大量研究，其中硅和镁的作用最为显著。SiC 表面改性包括 SiC 粉体表面氧化和涂覆金属镀层。气氛的影响主要集中在对氮气和惰性气体氩气的研究上。

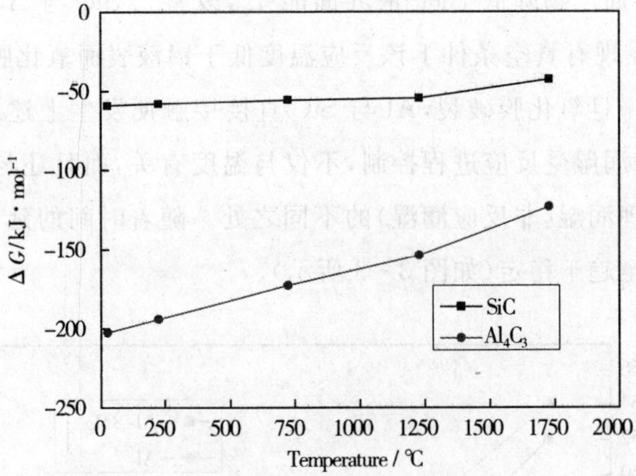

图 3-4　Al_4C_3 与 SiC 的形成能与温度的关系

在铝液中预先引入 Si 能有效抑制 Al_4C_3 的形成，图 3-5[87] 给出了 SiC 与 Al 不发生反应的临界硅含量曲线。研究表明，润湿角随硅含量增加而减小，润湿性转变温度随硅含量增加而降低。Ferro 和 Derby[80] 的研究表明，硅抑制连续的 Al_4C_3 层在界面处形成及 SiC 表面的溶解和重组，是改善润湿的关键因素，这与图 3-3 显示结果相吻合。

镁是一个有效的表面活性元素，不仅能显著降低铝液的表面张力，还能通过下列反应清除铝液表面的 Al_2O_3 薄膜[88]：

$$3Mg(l)+Al_2O_3(s)=3MgO(s)+2Al(l) \tag{3-8}$$

$$3Mg(l)+4Al_2O_3(s)=MgAl_2O_4(s)+2Al(l) \tag{3-9}$$

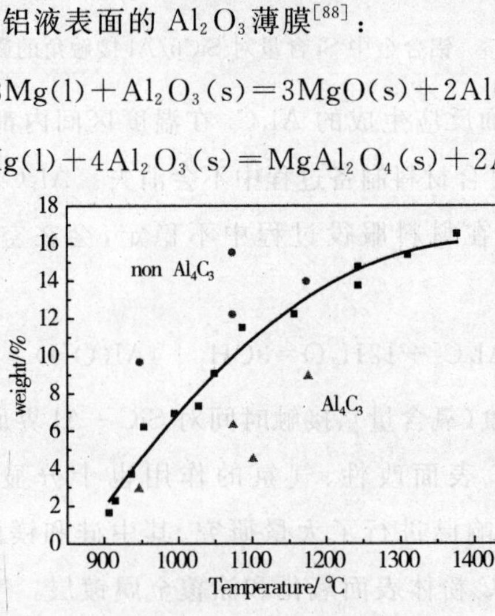

图 3-5　不同温度下 Si 含量对 Al_4C_3 形成的影响

反应的结果导致 Al_2O_3 氧化膜减薄至消失，使铝液黏度降低，易在 SiC 表面铺展。当 SiC 表面预先原位氧化生成有 SiO_2 时，液-固界面处会发生如下反应，同时放出热量，使液态铝熔渗前沿温度升高，促进铝液与 SiC 充分润湿。在 SiCp/Al 界面处形成的 $MgAl_2O_4$ 及 MgO 具有很好的热稳定性，可避免 SiC 与铝液的直接接触，从而阻止 SiC 的分解。此外 $MgAl_2O_4$ 及 MgO 还能提高界面结合力[88]。

$$SiO_2(s)+2Mg(l)=2MgO(s)+[Si]_{Al} \tag{3-10}$$

$$Mg(l)+2Al(l)+2O_2=MgAl_2O_4(s) \tag{3-11}$$

$$2SiO_2(s)+2Al(l)+Mg(l)=MgAl_2O_4(s)+2[Si] \tag{3-12}$$

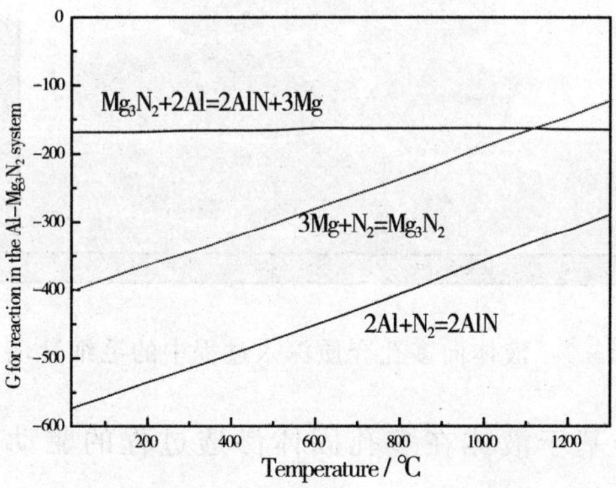

图 3-6　Al-Mg-N 系各物质的形成能与温度的关系

在氮气气氛下添加镁于铝液中，当温度低于 1100℃ 时，Mg_3N_2 更稳定（如图 3-6 所示），其生成反应是一个放热反应，能降低液-气表面能 γ_{sl}，能进一步增强润湿性[89]。

$$3Mg(l)+N_2(g)=Mg_3N_2(s)+\Delta T \tag{3-13}$$

3.1.2　SiCp/Al 体系的自发渗透机制及作用原理研究概述

对于润湿的液-固体系，三相界面处产生的吸力能自发将液体吸入固相中。由于多孔介质内部一般存在形状不规则、孔径大小不一、通道曲折的孔隙网络，很难用单一直径的毛细管来简化，图 3-7 的模型能近似地展示这一渗透体系。图中 θ 为液体在固体颗粒间的润湿角，R 为毛细管半径。其自发渗透的驱动力，即毛细管吸力 ΔP：

$$\pi R^2 \Delta P = 2\pi R \gamma_{lv} \cos\theta \tag{3-14}$$

$$\Delta P = \frac{2\gamma_{lv}\cos\theta}{R} \tag{3-15}$$

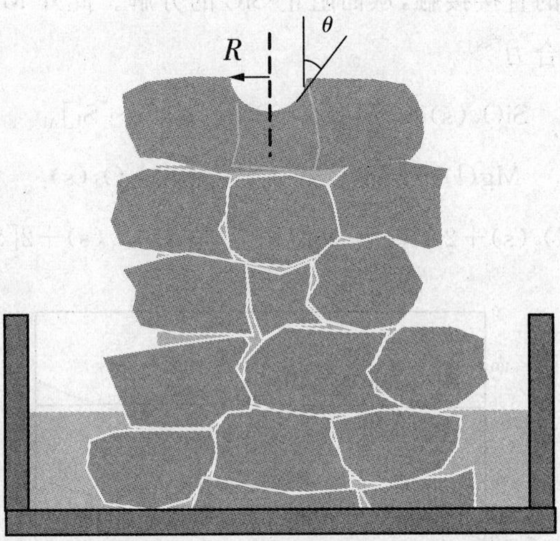

图 3-7　液体向多孔介质深入过程中的毛细管现象

现已建立多个基于液体在多孔固体渗透过程的驱动力模型。Liplike-Young 方程[90]就是其中之一：

$$\Delta P = \gamma_{lv}\cos\theta\left(\frac{1}{r_1}+\frac{1}{r_2}\right) \tag{3-16}$$

式中，r_1 和 r_2 为液体在与固体接触处的表面曲率半径，即多孔固体的孔隙半径。由于多孔固体的毛细孔尺寸由粉体粒度、粉体形状和多孔固体本身的孔隙率所决定，研究者给出了一个更能直接反映这一关系，也更便利的毛细管力表达式[90]：

$$\Delta P = 6\lambda\gamma_{lv}\cos\theta\,\frac{(1-\omega)}{D\omega} \tag{3-17}$$

式中，λ 为陶瓷粉体的几何形状因子；ω 为多孔陶瓷的孔隙率；D 为陶瓷粉体的名义直径；ΔP 为毛细管力。当液体的表面张力为 375N/m，SiC 的孔隙率为 50%，Pech-canul M I 给出的毛细管力与润湿角 θ、SiC 颗粒尺寸的关系如图 3-8 所示[90]。可见，孔隙度一定的陶瓷材料，对于非润湿系统，当 $\theta>90°$、ΔP 为负时，表现为斥力；对于润湿系统，当 $\theta<90°$、ΔP 为正时，表现为吸力，这时毛细管吸力就是液体自发渗入多孔固体的驱动力，且 θ 越小，粉体直径 D 越小，则吸力 ΔP 越大。

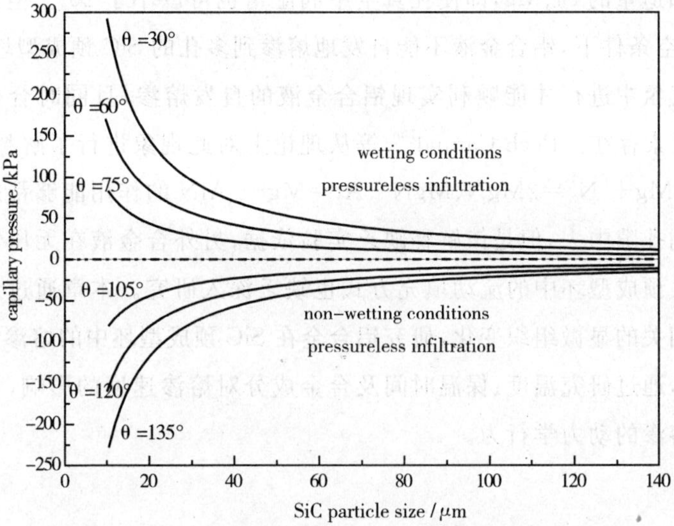

图 3-8 毛细管力 ΔP 与 θ、SiC 颗粒尺寸的关系

Kevorkijan V M 研究了液态铝分别渗入多孔 Si_3N_4、Mg_3N_2、TiO_2 和 SiO_2 的熔渗动力学，发现各个体系的渗透深度与渗透时间的平方根成正比，熔渗激活能普遍较高，而且与相应的界面反应激活能相吻合，因而认为熔渗过程受界面反应控制[91]。Rodríguez-Reyes M 等研究了 Al-Si-Mg 液态金属渗入 SiC 粉末压坯陶瓷的渗入过程及其影响因素，熔渗温度在 920℃～1215℃，发现各温度下的熔渗进程分孕育阶段、停滞阶段和恢复渗透等三个阶段，渗透面积与时间的平方根成正比，孕育期的激活能为 637kJ/mol，由于该研究是在气氛流通的环境中进行的，Mg 在渗透过程中不断挥发、氮化或被氮气带走，导致实验结果很难反映实际渗透过程；另一方面，由于渗透温度高，SiC 未经表面处理，易与铝合金液反应，生成有害的产物 Al_4C_3[92]。Xiao L M[93]采用浸入法研究了 Al-Si-Mg 在 650℃～750℃、且分别在氩气、氮气及密封条件下向 SiC 粉末体的渗入过程。根据浮力原理，通过测量浮力的变化来研究渗入深度与温度、时间和气氛的关系。发现经氧化处理的 SiC 易被渗入，

而未经氧化处理的 SiC 几乎无铝合金渗入，铝液在氮气气氛中渗入速度最快，熔渗过程分成开始阶段的快速渗透期和随后的缓慢渗透期。

总结已有的研究成果后可知，通过添加合金元素（如 Si、Mg）以及提高温度能够有效地降低润湿角，提高 SiC－Al 体系的润湿能力。研究结果表明，通过添加适量的 Si、Mg，即使在真空中润湿角也可以小于 20°。但是实验发现，在真空条件下，铝合金液不能自发地熔渗到多孔的 SiC 预成型坯中，必须在氮气气氛中进行才能顺利实现铝合金液的自发熔渗，且同时合金中必须有 Mg 元素存在。Pech-Canual[90] 等从理论上对此现象进行了解释，认为通过反应 $2Mg + N_2 = 2MgN$、$MgN + Al = Mg + AlN$ 的作用能够帮助铝合金液熔渗到孔隙中去，但是该解释缺乏实验依据；另外合金液在无压情况下在多孔 SiC 预成型坯中的流动填充方式也缺乏深入研究。本章通过观察熔渗过程中相关的显微组织变化，研究铝合金在 SiC 预成型坯中的熔渗行为及机理；此外，通过研究温度、保温时间及合金成分对熔渗速度的影响，了解铝合金无压熔渗的动力学行为。

3.2 实验过程

3.2.1 SiC 的预处理

虽然 SiC 的常温和高温化学性质都极其稳定，能耐酸碱的腐蚀，但在高温时与金属（如 Fe、Ni 等）特别是液态金属（如 Al）直接接触时常常会分解。SiC 在高温铝液中可发生反应生成脆性相 $A1_4C_3$ 分布在 SiCp/Al 的界面上，这严重削弱了 SiCp/Al 的界面结合强度，损害了复合材料的机械性能；而将 SiC 颗粒表面涂上一层过渡层后会有效阻挡合金液与 SiC 颗粒的接触，避免 SiC 分解。

SiC 粉体表面处理方法主要有：

(1)化学镀层法

化学镀层法就是在颗粒表面包覆一层与金属液易润湿的材料，如铜[94]、镍[95]。过渡层既能有效抑制增强体与基体之间的不良化学反应的发生，又能改善增强体与金属液的润湿性。化学镀是实现均匀包覆简洁、有效的手段。

(2)化学沉淀法

张巨先等[96]采用该工艺将纳米氧化铝包覆在 SiC 粉体表面。

(3)氧化处理法[97]

即将 SiC 粉体在高温下氧化,在其表面形成一层 SiO_2 层。在复合材料的制备过程中,SiC 和 SiO_2 都会和铝液发生反应:

$$3SiC(s)+4Al(l)=Al_4C_3(s)+3[Si]_{Al} \tag{3-18}$$

$$3SiO_2(s)+4Al(l)=2Al_2O_3(s)+3[Si]_{Al} \tag{3-19}$$

可以看出,式(3-5)反应生成的 Si 能够有效地阻止反应式(3-19)的进行,从而抑制了脆性相 $A1_4C_3$ 的形成;此外,反应生成的 Si 是能够固溶于基体中的元素,固溶强化了颗粒周围的基体,这有利于提高材料的性能。刘君武[98]假设 SiC 颗粒形状为球形,推导出了 SiO_2 氧化层的厚度与粉体氧化增重的关系式:

$$R_2-R_1=\left(\sqrt[3]{\frac{3.515+2.57\%}{3.515-7.03\%}}-1\right)\cdot\sqrt[3]{1-2\%mR} \tag{3-20}$$

式中,R 为未氧化颗粒半径;R_2 为氧化后颗粒直径;R_1 为没有参与反应而保留下来的 SiC 半径;m 为粉体氧化增重量。由此公式可知,通过控制 SiO_2 氧化层的厚度,可以为熔渗过程分析提供依据。

氧化处理法工艺简单,对设备要求不高,是对 SiC 颗粒进行表面处理最常用的一种方法,而且 SiO_2 在铝液自发渗入中发挥重要作用,所以本论文采用该方法进行粉体表面的预处理。

3.2.2 铝基体合金化

(1)合金中添加 Mg 元素

Mg 是一种很强的表面活性元素,在 Al 中加入 Mg 后,可以减少熔融 Al 的表面张力,当 Mg 的加入量为 1%的质量百分含量时,可使液态铝的表面张力由 8.6×10^{-3} N 减少到 6.5×10^{-3} N[99],但是进一步提高 Mg 的加入量时,表面张力几乎没有改变。另外 Mg 是一种很强的亲氧元素,可以吸收界面处的氧气在增强体颗粒表面形成稳态的 MgO,增加了固体的表面能,而且 Mg 可以通过界面反应破坏 Al_2O_3 层,生成新的化合物如 $MgAl_2O_4$ 或 MgO。

研究指出，熔渗体积随着 Mg 含量的提高而不断增加，但当 Mg 含量超过 10%时，对熔渗体积的进一步提高影响很小。

(2)合金中添加 Si 元素

在 Al－Mg 中加入适量的 Si 可以抑制 Al_4C_3 的产生，同时，也可以降低熔融金属的黏度、活化金属的表面。在 900℃及 1000℃处，当 Si 的浓度小于 10%时，Al_4C_3 是稳定的；而当 Si 含量为 18%时，SiC 是稳定的。对 Al 和 SiC 基复合材料来说，由于 Si 含量高，SiC 的溶解反应将被抑制，故无 Al_4C_3 生成。Si 的加入可降低合金液体的黏度[99]，900℃时，纯铝的黏度是 $9.1\times10^{-2}\,N\cdot m^2$，而 Al－5Si的黏度是 $8.5\times10^{-4}\,N\cdot m^2$。

同时根据 Al－Si－C 三元相图[99]（如图 3－9 所示）也可以发现，在 SiCp/Al 系统中加入适量的 Si，使复合材料进入 l－SiC 两相区，则有可能减少 Al_4C_3 的生成，从而抑制界面反应的发生。

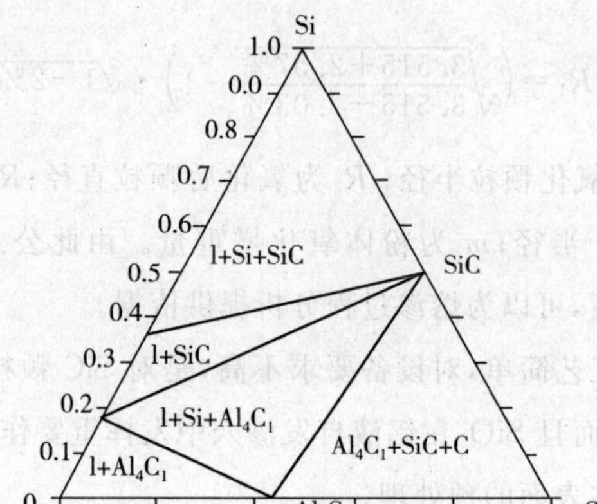

图 3－9　Al－Si－C 三元相图

因此，可将工业铝硅合金（Si 为 20%）、工业纯铝和工业纯镁（纯度≥99.9%）在真空炉中熔炼成 Al－10Si－8Mg 合金和 Al－10Si 合金。

3.2.3　实验方法

实验采用 W85 与 W28 两种工业磨料，用绿色 SiC 粉末以 2∶1 比例混合，与造孔剂硝酸铁混匀，混合料中添加质量分数为 1%～2%的硬脂酸锌作为润滑剂，质量分数为 5%的硅酸钠水溶液作为黏结剂，在滚筒式混料器中混合 8h

后干燥，再用手动陶瓷压片机压制，压制压力 100MPa，获得 SiC 体积分数为 65%的预成型坯；无压熔渗所用铝合金成分为 Al－10Si 和 Al－10Si－8Mg；熔渗在可控气氛的管式炉中进行，试样的尺寸为 Φ10mm×10mm。

3.3　SiCp/Al 熔渗机理分析

表 3－1 是在 950℃、熔渗时间 1h、不同气氛条件下，SiC 与不同成分铝合金的润湿角及熔渗结果。从表中可以看出，不同条件下熔渗结果差别明显，在氩气氛中熔渗不能发生；氮气气氛下基体合金为 Al－10Si 时熔渗也不能发生。以上实验结果表明，只有在氮气和 Mg 同时存在的条件下，熔渗才能实现。图 3－10 是不同气氛条件下铝合金无压熔渗多孔 SiC 预成型坯的微观组织。由图可以直观的观察不同条件下的熔渗情况。

表 3－1　不同气氛条件下铝合金无压熔渗多孔 SiC 预成型坯结果

熔渗条件	Ar		N_2	
	Al－10Si－8Mg	Al－10Si	Al－10Si－8Mg	Al－10Si
熔渗结果	未熔渗	未熔渗	熔渗	未熔渗
编　号	a	b	c	d

Mg 作为一种表面活性元素，极易挥发，在 Al－10Si－8Mg 三元合金中，Mg 的蒸汽压最高，三种元素的平均蒸汽压之比约为 $P_{Mg}:P_{Al}:P_{Si}=10^6:1:10^{-3}$[92]。液态单质 Mg 的蒸汽压与温度的关系可以通过式（3－21）表示：

$$\lg(P_{Mg}/\mathrm{kPa})=-6.818\times10^3/T+6.99 \quad (3-21)$$

挥发出来的 Mg 蒸气，一部分与炉膛内的气氛发生反应，一部分进入 SiC 预成型坯中与孔隙中的气氛发生反应。Mg 与氮反应的主要产物受氮气氛中氧含量的影响。当氮气氛中氧的分压高于平衡分压 P_{O_2} 时，最终的主要产物为黄色的 MgO；反之主要产物则为 Mg_3N_2。在本实验中，所采用的气氛为封闭的高纯氮气氛，氧的分压为 10^{-3} Pa，高于氧的平衡分压，产物应主要为 MgO，由 SiCp/Al 复合材料的 X 射线衍射图谱(图 3－11)可知，MgO 与 Al_2O_3 形成镁铝尖晶石 $MgAl_2O_4$。平衡分压可以通过式(3－22)进行估算：

$$6MgO(s)+2N_2(l)=2Mg_3N_2(s)+3O_2(g) \tag{3-22}$$

$$\Delta G=299.12\times10^3-234.99T+\frac{3}{2}\lg P_{O_2}/(1-P_{O_2})$$

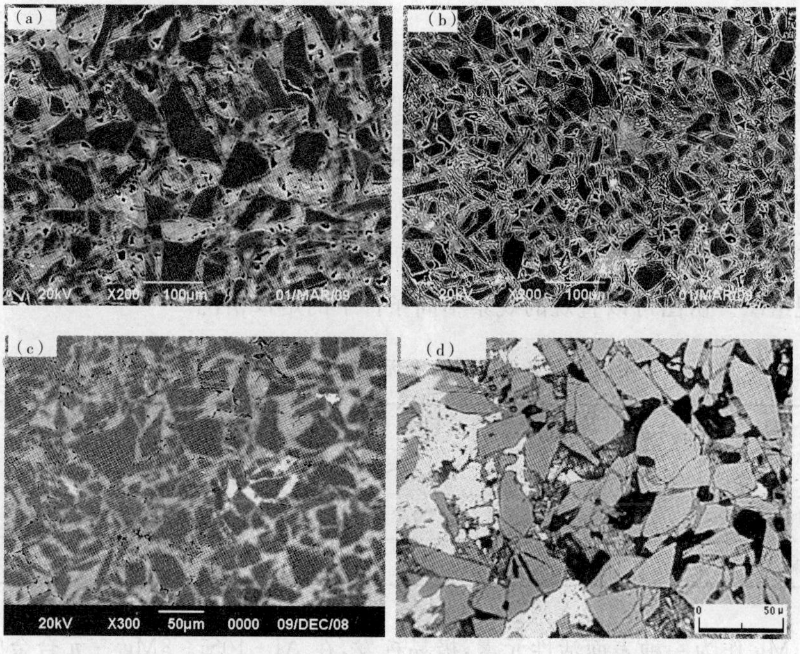

图 3－10　不同气氛条件下铝合金无压熔渗多孔 SiC 预成型坯的金相照片

图 3－12 为 SiCp/Al 复合材料界面处元素线扫描 EDS 分析。由图可知在 SiC－Al 分界面处 Al 和 Si 的浓度都较低，而氧和镁则在界面处富集，结合 XRD 分析可知是界面处发生反应，并在 SiC 表面生成 MgO 或 $MgAl_2O_4$。

$$SiO_2(s)+2Mg(l)=2MgO(s)+[Si]_{Al} \tag{3-23}$$

$$2SiO_2(s)+2Al(l)+Mg(l)=MgAl_2O_4(s)+2[Si]_{Al} \tag{3-24}$$

$$2Al(l)+Fe_2O_3=Al_2O_3(s)+2Fe(s) \tag{3-25}$$

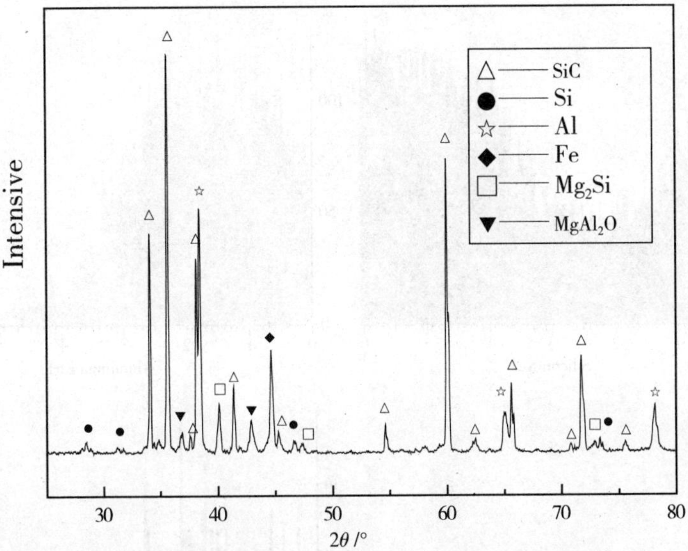

图 3-11 SiCp/Al 复合材料的 X 射线衍射图谱

而上述反应的另外产物 Si 和 Fe 则溶解于液态铝基体中。文献[100]认为 SiC 表面的 SiO_2 膜与含 Mg 的铝合金反应，最初都形成 MgO。MgO 是否转变成 $MgAl_2O_4$ 取决于 Mg 的含量，两者在高温下都能稳定存在，这对 SiCp/Al复合材料的界面热稳定性极为有利。液态铝自发渗入 SiC 粉体间隙的实验结果表明，界面反应生成 MgO、$MgAl_2O_4$ 和 Fe 等反应都是放热反应，能提高熔渗前沿铝液温度、显著降低固-液界面能 γ_{sl}，有效改善 SiC 与铝液之间的润湿性，促使铝液自发向 SiC 多孔预成型坯中渗入。

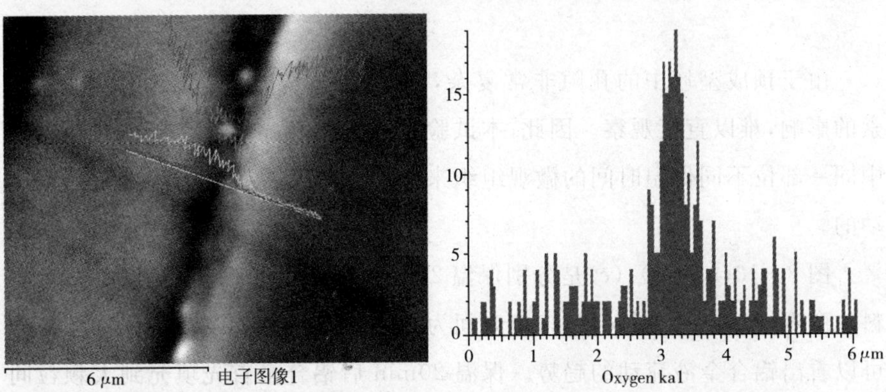

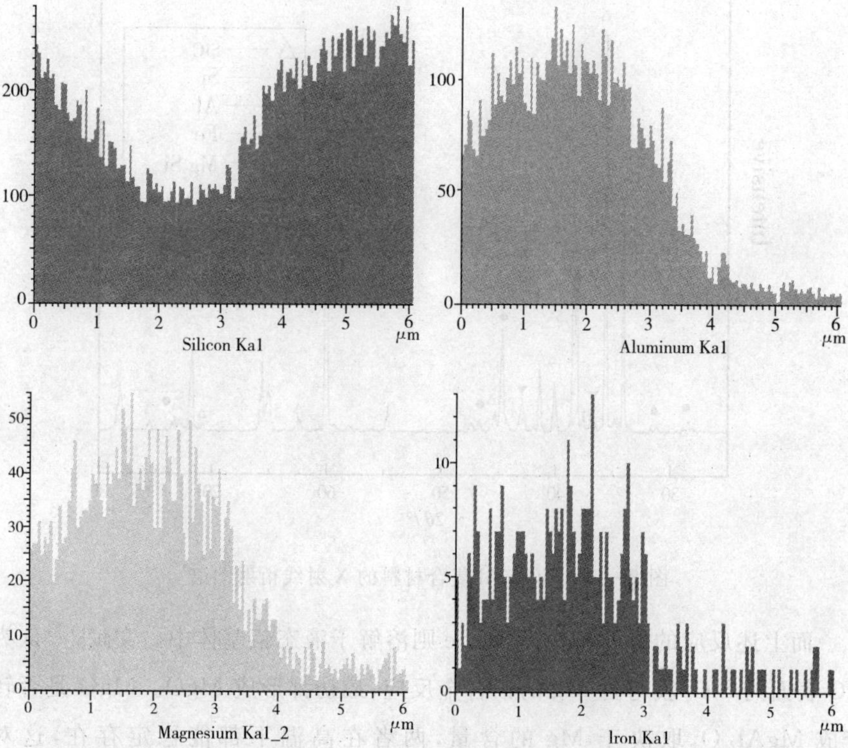

图 3-12　SiCp/Al 复合材料的 EDS 分析

3.4　铝合金液在 SiC 多孔预成型坯中的浸渗行为

由于预成型坯中的孔隙非常复杂，合金液在其中的浸渗会受到很多因素的影响，难以直接观察。因此，本试验通过观察 Φ10mm×10mm 预成型坯中同一部位不同保温时间的微观组织来分析合金液在预成型坯中是如何流动的。

图 3-13(a)、(b)、(c)是分别保温 20min、40min 和 60min 后所得复合材料的微观组织照片，图(d)是熔渗时间为 20min 时的金相组织照片，由图(d)可以看出铝合金液流动的趋势。保温 20min 后铝合金首先填充到大颗粒间的网络状孔隙中，并在大颗粒之间形成比较均匀集团状的孔隙。通过延长

熔渗时间，合金液逐步填充到这些孔隙中，保温 1h 后，熔渗基本完全。

通过分析不同保温时间对复合材料显微组织的影响，可以推断出铝合金液在 SiC 颗粒间的浸渗可分为如下步骤[101]：(1)孕育期；(2)铝合金液在 SiC 颗粒间的浸渗；(3)铝合金液进一步浸渗小 SiC 颗粒间的微小孔隙；(4)铝合金液凝固形成复合材料。

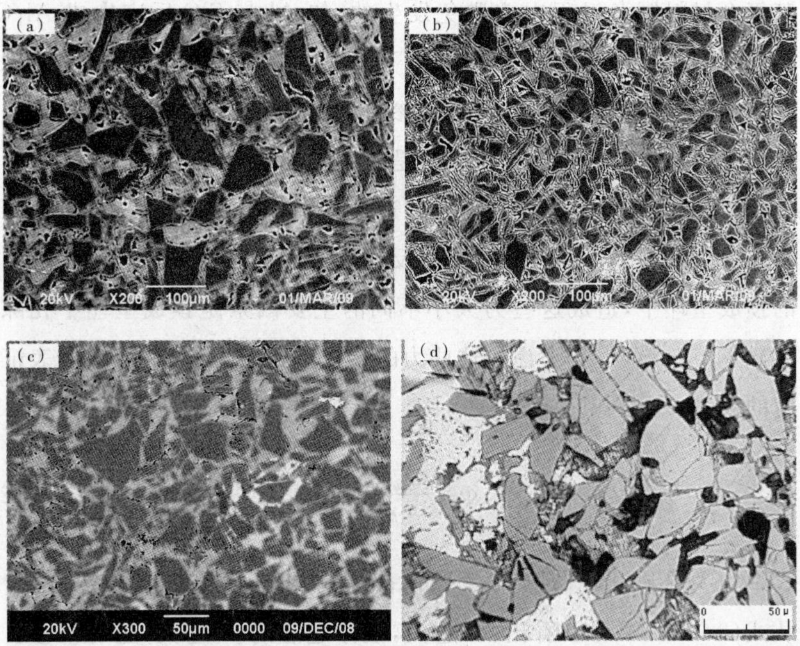

图 3-13 复合材料的微观组织随保温时间的变化

(a)保温 20min；(b)保温 40min；(c)保温 60min；(d)熔渗 20min

出现孕育期的原因主要是刚开始时 SiC 颗粒与铝合金液之间仍不润湿，而在孕育期间铝合金液与 SiC 颗粒之间将发生一系列变化，提高 SiC-Al 之间的润湿性：(1)Si 和 Mg 具有表面活性作用，在铝合金液中 Si 和 Mg 通过扩散能明显富聚于 SiO_2-Al 的界面处，Mg、Si 等元素向 SiO_2-合金液界面扩散和聚集，降低铝合金液的界面张力；(2)SiC 也得到预热，从而使其固体表面能升高，这一结果与铝合金液对 SiC 颗粒润湿能力的不断提高结合起来，使 Mg、Si、Al 在 SiO_2-合金液界面吸附。

浸渗发生时，在 SiC 颗粒和铝合金液界面上会发生界面反应，界面反应按其进行的程度不同可分为三种类型：(1)有利于基体与增强体浸润、复合和形成最佳界面结合。如在 SiC 颗粒增强铝基复合材料中，当基体中的 Mg 与 SiC 颗粒表面的 SiO_2 作用适度时，可明显改善 SiC 颗粒与 Al 的浸润性，界面结合强度适中。(2)界面反应使增强体虽有损伤但性能不下降，形成强的界面结合。如界面处适量尖晶石 $MgAl_2O_4$ 的形成有利于界面的结合。(3)严重的界面反应，有大量反应产物，材料的脆性急剧增加。此类反应是金属基复合材料制备过程中应避免发生的，如 Al 与 SiC 反应生成 Al_4C_3。界面反应起到了反应润湿的效果，促进了自发浸渗。

在持续浸渗过程中，铝合金的熔渗机制分两种，即宏观机制和微观机制。出现此两种机制的主要原因可能是由于颗粒大小不均造成孔隙尺寸不一，从而导致铝合金在其中流动填充的速度不一样。合金液在毛细管力、摩擦阻力、端部阻力、黏滞阻力以及界面反应的共同驱动下渗入孔隙中的。在一样的预成型坯中，造成这些力大小不同的主要因素是预成型坯中孔隙大小的差异。Martins[28] 等考虑了这些力的共同作用，得出了一个综合表征浸渗速度的公式：

$$\Phi=\frac{r\sigma_{\mathrm{lv}}\cos\theta}{\mu} \tag{3-26}$$

式中，r 为孔隙半径；σ_{lv} 为表面张力；θ 为润湿角；μ 为合金液黏度。

从式(3-26)中可以看出：Φ 越大，浸渗越容易；r 越大，越易浸渗。所以，合金液很快首先填充到较大的孔隙中形成熔渗的网络，这样很容易将气体封闭在小孔隙中。由于气体具有一定的压力，所以合金液只有将小孔隙中的气体耗尽形成负压后才能继续浸渗到小颗粒间的孔隙中去，形成微观熔渗，最后达到满渗状态。

随着界面反应和浸渗过程的不断进行，SiC 骨架和铝合金逐渐形成连续、致密的 SiCp/Al 复合材料。浸渗完成后，随着制备温度下降到铝合金的熔点以下，铝合金液开始凝固形成复合材料。在此阶段，由于 SiC 与铝合金两者收缩性的差异会使复合材料产生内应力，所以应使凝固过程缓慢进行，试样随炉冷却。

对于经过不同粒径级配的粉体来说，尽管粒径比越大越有利于提高预成型坯中的 SiC 含量，但是从合金液浸渗孔隙的机制分析可知，粒径差别越大,造成孔隙孔径差别也就越大,因为引起熔渗的速度相差较大。而对于小粒径粉末,其形成的孔隙本身就具有较慢的熔渗速度,使得合金液不易渗入小孔隙中而导致缺陷的形成。所以从铝合金在预成型坯中的熔渗机制考虑,在保证能够获得较高体积分数的前提下,应该尽量选用粒径相差不大的粉末进行粒度级配。

3.5　熔渗动力学分析

由于 SiC 多孔预成型坯内孔隙形状极不规则、孔径大小不一、管道曲折,而且液态铝合金的渗入过程是一个异常复杂的物理与化学过程,因此必须进行简化处理。Kozeng[102]假定粉末由球形颗粒组成,流体沿着颗粒间隙的毛细孔流动。毛细孔的当量半径 r 与颗粒间的孔隙体积对孔隙壁的总表面积之比成正比。比值 K_s 与孔隙形状有关,当孔隙为球形时,K_s 为 2。粉末形状越不规则,K_s 值越大。对形状一定的粉末,K_s 为常数。设粉末的体积为 V,孔隙率为 ε,粉体的理论密度为 ρ,粉末比表面为 S_w,S_0 为体积比表面,则有:

$$S_0=\rho\cdot S_w \tag{3-27}$$

$$r=\frac{K_s\cdot\varepsilon\cdot V}{(1-\varepsilon)\cdot V\cdot\rho\cdot S_w}=\frac{K_s\cdot\varepsilon}{(1-\varepsilon)S_0} \tag{3-28}$$

将 $\bar{r}$ 替换式(3-15)中的 R,可得到 SiC 多孔介质毛细管吸力:

$$P_c=\frac{2\gamma_{\mathrm{lv}}\cdot(1-\varepsilon)\cdot S_0\cdot\cos\theta}{K_s\cdot\varepsilon} \tag{3-29}$$

液体在多孔介质中流动状态有液体的雷诺数 Re 决定,Re[103]的值为:

$$Re=\frac{\nu\cdot 2R}{\mu} \tag{3-30}$$

式中,ν 为液态金属的流速,约为 0.02mm/s;μ 为流体的运动黏度约为 $1\mathrm{mm^2/s}$[104];R 为流体的水力半径,可由 SiC 粉体的粒径估算出,约为 10 μm。因此雷诺数 Re 大致为 4×10^{-4}。液体在宏观直管道以层流状态流动时，Re 的上限为 2000 左右。Re 高于此值，流体向湍流转变[105]。而在多孔介质内的毛细管内发生层流时 Re 要低得多。有文献认为 Re 的临界值为 5～7[103]，但也有文献认为更低，约在 0.2～0.3[105]。本实验的 Re 估算值远低于文献报道 Re 的临界值，液态金属在多孔介质中的流动状态为层流。

液态金属在 SiC 多介质中层流时，Poiseuille 定律给出如下流动方程[106]：

$$P_f=\frac{8\mu\cdot H\cdot \nu}{r^2}=\frac{8\mu\cdot H}{r^2}\cdot\frac{\mathrm{d}H}{\mathrm{d}t} \tag{3-31}$$

式中，H 为液态金属在 SiC 多孔介质中的渗入高度；t 为渗透时间。

将式(3－29)和式(3－31)代入式(3－15)，得到：

$$H\cdot \mathrm{d}H=\frac{\gamma_{\mathrm{lv}}\cdot r^2\cdot(1-\varepsilon)\cdot S_0}{4\mu\cdot\varepsilon\cdot K_s}\cdot\cos\theta\cdot \mathrm{d}t \tag{3-32}$$

在等温渗透过程中，多孔介质的几何参数 K_s、S_0、ε、r 及流体的运动黏度 μ 基本不变。对物理自发渗透过程，接触角 θ 不随时间改变，对式(3－32)积分：

$$\int_0^H H\cdot \mathrm{d}H=\int_0^t\frac{\gamma_{\mathrm{lv}}\cdot r^2\cdot(1-\varepsilon)\cdot S_0}{4\mu\cdot\varepsilon\cdot K_s}\cdot\cos\theta\cdot \mathrm{d}t \tag{3-33}$$

即可求出渗透高度 H 与渗透时间 t 的关系：

$$\frac{H^2}{2}=\frac{\gamma_{\mathrm{lv}}\cdot r^2\cdot(1-\varepsilon)\cdot S_0}{4\mu\cdot\varepsilon\cdot K_S}\cdot\cos\theta\cdot t \tag{3-34}$$

此时，渗透高度 H 与渗透时间 t 的平方根成正比。

液态铝合金渗入 SiC 多孔预成型坯是反应渗透过程，液-固界面润湿角 θ 与接触时间有，随界面反应时间的延长不断降低。因此，在液体铝合金渗入前存在一个孕育期，在孕育期完成液-固两相由不润湿向润湿转变，直至毛细管力增大到足以克服液体流动的黏滞阻力，将液态铝合金吸入。θ 随反应时间降低的规律服从如下经验式[106]：

$$\theta=(\theta_0-\theta_\infty)\cdot \mathrm{e}^{-\frac{t}{\tau}}+\theta_\infty \tag{3-35}$$

式中，τ 为经验系数；θ_0 为起始接触角；θ_∞ 为反应无限长时间后的接触角，一般取 0^0，则式(3－35)简化为：

$$\theta=\theta_0 \cdot e^{-\frac{t}{\tau}} \tag{3-36}$$

当接触时间达到 t_c，毛细管吸力增大直至大于渗透阻力时，浸渗过程才开始进行，这时润湿角 θ 降到某一临界值 θ_c：

$$\theta_c=\theta_0 \cdot e^{-\frac{t_c}{\tau}} \tag{3-37}$$

$$\theta_\infty<\theta_c<\theta_0 \tag{3-38}$$

将 θ_c 代入式(3-32)，积分：

$$\frac{H^2}{2}=\frac{\gamma_{lv} \cdot r^2 \cdot (1-\varepsilon) \cdot S_0}{4\mu \cdot \varepsilon \cdot K_S}\cos\theta_c \cdot t \tag{3-39}$$

比较式(3-34)和式(3-39)，虽然表达式很一致，但两种渗透过程差异显著：反应渗透有一明显的孕育期，物理渗透几乎没有孕育期；反应渗透通过界面反应产生的毛细管吸力受反应进程控制，只能产生很小吸力将铝液缓慢吸入；而物理渗透的润湿角与接触时间无关，在完全润湿时能产生较大的吸力，将铝液快速吸入。

渗透系数是衡量金属液在多孔介质中流动的一个重要参数，它表征了在外加压力的作用下流体通过多孔材料的难易程度。渗透系数可以通过公式(3-40)表示：

$$\Phi=\frac{r\sigma_{lv}\cos\theta}{2\mu} \tag{3-40}$$

多孔体等效半径 r 与颗粒半径 R 有如下关系[34]：

$$r=\frac{2\Phi}{3\lambda(1-\Phi)}R \tag{3-41}$$

式中，R 是增强体颗粒半径；Φ 是孔隙率；λ 是颗粒形状因子，对于 SiC 而言为1.4，所以渗透系数可以表示为：

$$\Phi=\frac{R\Phi\sigma_{lv}\cos\theta}{3\lambda(1-\Phi)\mu} \tag{3-42}$$

从公式(3-42)中可以看出，预成型坯中颗粒半径越大、孔隙率越高，则渗透系数越大，即渗透速率越快。

3.6 本章小结

实现铝合金对 SiC 预成型坯无压熔渗的关键是合金中必须存在 Mg 元素，且熔渗在氮气氛中进行。

铝合金在预成型坯中的浸渗受宏观、微观两种机制控制。出现两种机制的主要原因是颗粒大小不均造成孔隙尺寸不均，因此铝合金在其中的流动填充速度不同。

铝合金浸渗预成型坯体前存在一个孕育期，孕育期内发生的主要变化是氧化铝膜的破裂。升高温度或增加铝合金中 Mg 的含量能够缩短孕育期。

第 4 章　SiCp/Al 复合材料的制备与组织结构

对于复合材料来说，显微组织及界面状态很大程度的影响着材料的物理性能，本章采用无压熔渗法制备了体积分数为 60％的 SiCp/Al－10Mg－8Si 复合材料，利用 SEM、TEM 等表征手段对复合材料的微观组织及界面形貌进行了分析，结果表明复合材料组织致密，界面产物有 $MgAl_2O_4$、Mg_2Si 和 Fe 等。

4.1　引　言

对于复合材料来说，显微组织及界面状态很大程度的影响着材料的物理性能，诸如强度、硬度及摩擦性能等[107]。而制备方法和工艺条件又影响着复合材料中增强体与基体的结合状态及复合材料的显微组织。对于 SiCp/Al 系统的界面对 SiCp/Al 复合材料的最终性能（物理性能和机械性能）起着特别重要的作用，这是由于界面在基体与增强体之间起着载荷的传递作用。界面的结构形貌决定于复合材料中基体的成分、增强体的表面处理、制备条件、制备方法以及热处理等因素。SiC 增强体与铝合金基体之间存在的界面反应会生成各种不同的化合物，如 Al_4C_3、MgO、Al_2O_3，及 $MgAl_2O_4$ 等。这些化学反应及其生成物对于复合材料的性能既有有利影响，又有不利影响，故而界面结构对于复合材料来说，尤其重要。

4.2 复合材料的制备

无压渗透工艺制备 SiCp/Al 复合材料工艺由两个主要环节构成：SiC 预成型坯的制备和液态铝合金渗入到 SiC 预成型坯颗粒间隙形成接近全致密的复合材料。预成型坯的制备一般采用添加较大量的有机高分子黏结剂，经溶剂脱脂、真空脱脂的工艺来制备[108]，工艺较复杂。本文主要通过 SiC 自氧化结合法辅助一定的黏结剂来制备 SiC 预成型坯，通过添加造孔剂来控制 SiC 预成型坯的孔隙率，以调节复合材料中 SiC 与铝合金的体积百分比，从而达到调整复合材料的性能以适应不同的应用领域。借助液-固界面反应来获得两相润湿，实现自行配制的 Al-10Mg-8Si 合金自发渗入 SiC 多孔预成型坯，制备出近净尺寸、不同 SiC 粒度和含量的 SiCp/Al 复合材料。

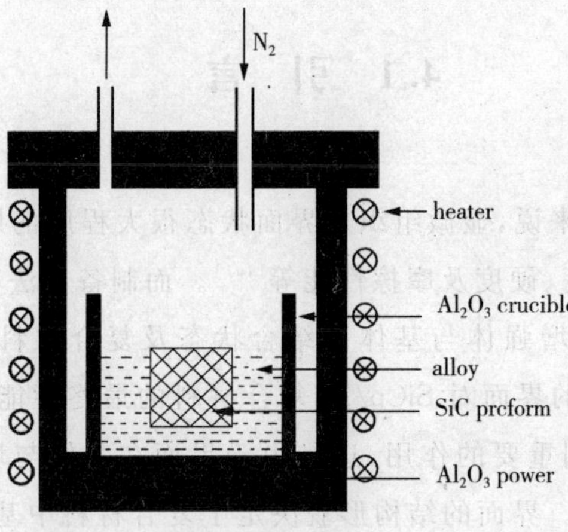

图 4-1 自制 SiCp/Al 复合材料渗透装置

以工业磨料用淡绿色 SiC 粉体（W85/W28 和 W50/W14 质量比均为 2∶1）分别与不同配比的硝酸铁晶体混合，向混合料中添加质量分数为 1%～2%的硬脂酸锌作为润滑剂、质量分数为 5%的硅酸钠水溶液作为黏结剂。在滚筒式混料器中混合 8h 后干燥，再用手动陶瓷压片机压制并采用低温氧化结合法制备出不同孔隙率的 SiC 多孔陶瓷作为预成型坯。将制备好的

SiC 预成型坯置于坩埚炉中，在高纯氮气气氛中，950℃无压熔渗配制的Al-10Mg-8Si 合金，保温 90min，自制的 SiCp/Al 复合材料渗透实验装置如图 4-1所示。样品随炉冷却至常温后取出，再将渗透过的样品连同坩埚内的铝合金在坩埚炉中重新熔化，用坩埚钳将铝合金渗透过的 SiC 预成型坯取出，空冷后用金刚石锉刀打磨掉样品表面黏附的铝合金残留。经进一步处理后再进行性能测试和结构分析。

4.3　复合材料的测试方法

4.3.1　密度的测量

对于不规则物体其体积较难测得，一般常采用阿基米德原理法。阿基米德原理指出:浸在液体中的物体受到一向上的浮力，其大小等于物体所排开液体的重量。将复合材料试样表面附着的铝磨干净，在空气中称重，然后进行防水处理，再次于空气中称重。由试样在水中称重时质量的减少求出体积，则可计算出密度。由于试样有相通的孔隙，为防止水进入试样孔隙内，影响测量结果的精确性，把试样与表面连通的孔隙用其他物质堵上，即进行防水处理，试验中在试样表面涂一层均匀完整的凡士林。

复合材料试样的表观密度 d 计算公式(4-1)：

$$d=\frac{m_1\rho}{m_2-m_3} \tag{4-1}$$

式中，ρ 为试验温度下水的密度，g/cm^3；m_1 为干燥试样在空气中的称重，g；m_2 为浸油或表面覆盖试样在空气中称的总重，g；m_3 为浸油或表面覆盖试样在水中的称重，g。按式(4-2)计算各组复合材料的相对密度：

$$\rho=\frac{d}{V_{SiC}\rho_{SiC}+V_{alloy}\rho_{alloy}}\times 100\% \tag{4-2}$$

式中，d 是排水法测定的复合材料的表观密度；ρ_{SiC}、ρ_{alloy} 为 SiC 和铝合金的理论密度，分别为 3.2g/cm^3、2.53 g/cm^3(铝合金按质量分数为 Al-10% Mg-8%Si 计算)；V_{SiC}、V_{alloy} 是按 SiC 预成型坯的孔隙率得到的复合材料中两相的体积百分比。

4.3.2 微观组织及物相分析

采用 X 射线衍射(XRD)测试对试样进行物相鉴定,观察在烧结过程中物相的变化。XRD 测试是采用 RIGAKU 公司生产的 D/MAX—RB 型 X 射线衍射仪进行的。测试条件为:CuKα 辐射,40kV,50mA,DS=SS=1°,RS=0.3mm,步进 0.02°。采用 OLYMPUS PME 型金相显微镜观察复合材料的金相,用 JSM6490LV 型场发射扫描电子显微镜观察复合材料界面形貌,并对 SiC-Al 界面进行能谱分析。采用 JEOL—2010 型透射电子显微镜对复合材料界面结构进行高分辨分析。

4.4 SiCp/Al 复合材料的密度及尺寸变化

冷压成型制备 SiC 多孔预成型坯的孔隙率、预成型坯无压熔渗铝合金后的相对密度及尺寸变化如表 4-1 所示。由表可以看出,无论 SiC 含量的高低,无压熔渗过程均能使铝合金液完全渗入预成型坯内的孔隙,达到近完全致密。

表 4-1 SiCp/Al 复合材料密度及和尺寸变化

The ratio of SiC power	W85/W28(2:1)			W50/W14(2:1)		
$Fe(NO_3)_3$(wt%)	0	10	20	0	10	20
Porosity of SiC perform(%)	35.6	39.5	44.7	35.2	39.2	44.4
Density of SiCp/Al composites (%)	96.4	99.3	99.6	96.1	99.2	99.7
Dimensional change $(L-L_0)/L_0\times100\%$	<0.5	<0.5	<1	<0.5	<0.5	<1

这主要归因于三个方面的因素:一是 SiC 陶瓷骨架低温烧结时,能保证其内部孔隙的连通性和开放性;二是 SiC 颗粒氧化形成的 SiO_2 表面薄膜,该氧化膜在液态铝合金渗入过程中通过界面反应获得液-固两相润湿,促使铝合金液渗入[109];最后就是由于作为造孔剂加入的 $Fe(NO_3)_3\cdot9H_2O$ 加热分解生成 Fe_2O_3,能与铝液发生铝热反应,进一步改善液-固两相润湿,促进

铝合金液的渗入。液态铝合金自发渗入后，SiC 预成型坯无任何变形，而且外形尺寸也无变化，尺寸的测量误差更多是由试样在空气中重熔取样过程中导致表面液态铝合金氧化所致。由此可见，SiCp/Al 的尺寸变化主要发生 SiC 预成型坯的制备过程中，采用无压熔渗工艺具有仿形成型的特点。

4.5　复合材料的显微组织

图 4-2 为几种粒径混合后制备的几种不同体积分数 SiCp/Al 复合材料的金相组织照片。从图 4-2 可以看出，采用无压熔渗制备的复合材料，SiC 颗粒的分布比较均匀，较小粒径 SiC 粉末与较大粒径 SiC 粉末混合后能够弥散而均匀地分布在大颗粒的周围，没有明显的颗粒团聚，并且颗粒级配后复合材料的致密度也明显提高，没有明显的孔洞缺陷。SiC 颗粒保存完好、棱角分明，与 SiC 预成型坯中的形貌无二致。这表明在液态铝合金渗入 SiC 预成型坯的过程中，SiC 基本没有受到铝液的侵蚀。

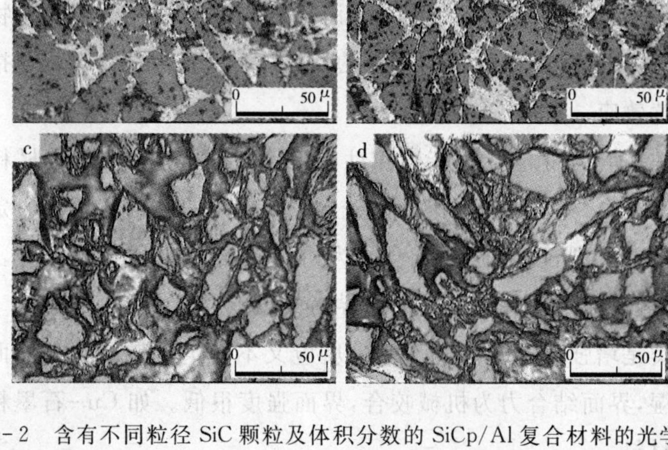

图 4-2　含有不同粒径 SiC 颗粒及体积分数的 SiCp/Al 复合材料的光学组织

(a)W85/W28,55%;(b)W85/W28,60%;(c)W50/W14,55%;(d)W50/W14,60 %

由于两种级配所得 SiC 预成型坯中的孔隙直径都在几十微米以下，这些孔隙被渗入的液态铝合金所占据。所以铝合金液渗入多孔陶瓷坯体的孔隙中以后被高浓度、紧密堆积的 SiC 颗粒均匀分割，冷却凝固时的晶粒尺寸被限制在狭小的空间内，形成细小的连续空间网络。与通常的铸态组织相比，熔渗法更易获得细小的晶粒，而且组织中不存在粗大的铝硅共晶体针条，这对提高材料性能极为有利。由于 SiC 耐磨性远高于铝合金，在研磨、抛光过程中，SiC 慢慢从铝基体中突起，形成平滑的抛光面，反光较强，成为一个个离散的亮区；而陷于 SiC 颗粒下面的铝基体则很难被抛光，成为连续的较暗区，但部分被抛光的铝合金基体更容易反光，在金相照片中表现为部分区域的高光亮。

4.6 SiCp/Al 复合材料的界面形貌与结构分析

复合材料的界面是复合材料的固有特征，是指基体与增强体间化学成分有显著变化，构成彼此结合的，能起载荷传递的微区[110,111]，界面的作用主要有以下几个方面：(1)传递效应。是指界面可以将外力通过基体传递给增强体，起连接基体与增强体的作用。(2)阻断效应。是指界面具有阻断裂纹扩展、延缓应力集中的作用。(3)散射与吸收效应。是指界面具有透光、隔热、隔声、吸振、耐热冲击的性能。(4)诱导效应。是指界面使周围物质的结构发生改变，从而产生出一系列特殊的性质。(5)不连续效应。是指界面的物理不连续效应。

界面往往成为复合材料结构和性能的突变区，是影响复合材料性能的关键因素。复合材料的性能很大程度上是由界面的结构和性能决定的。复合材料界面的类型较多，根据结合分为机械结合和化学结合两种。若按照基体和增强体相互作用的性质来分，界面又可以分为三类：

第一类是增强体与基体既不发生反应又不发生扩散。这类界面一般表现为不润湿，界面结合力为机械咬合，界面强度很低。如 Cu－石墨粉末冶金烧结减摩材料。

第二类是增强体与基体不发生反应但存在溶解扩散。即既可以使增强材料向基体扩散，又可以使基体向增强材料扩散渗透，形成的界面。如 Al

向 SiC 单向扩散，引起界面结合[112]。基体与增强相之间发生电子转移，形成界面原子键合[113]，在界面上，基体与增强相之间有固定的晶体学位向关系[114]，或择优位向关系[115,116]。典型的体系有 Cu－W 体系、Cu－Al_2O_3 体系等。

第三类是增强体与基体发生界面反应，常见的体系有 Ti－SiC 等。这种界面的特点是界面厚度不均匀，厚度处于亚微米级的范围，界面结合主要靠化学键力。此类型的界面微观结构有两种，一是有界面反应物的界面微结构，另外一种是有元素偏聚和析出相的界面微结构。

无论是低增强体含量的 SiC 颗粒增强铝基合金复合材料用于结构件，还是高增强体含量的 SiC 颗粒增强铝基合金复合材料用于功能结构件，SiCp/Al复合材料都能获得优异的力学和物理性能，是陶瓷颗粒增强金属最为成功的一类材料。对 SiCp/Al 复合材料界面结合状况的研究成为该类材料研究的热点，现已有大量的研究与报道。由于 Al 的高活性，在液-固两相工艺中，如各种铸造工艺、渗透工艺，Al 都极易与 SiC 反应。但气氛、合金成分、SiC 表面状态及两相在高温下停留的时间都对界面反应的发生和进行方式有显著影响。因而基于不同制备工艺，SiCp/Al 复合材料的界面结构有显著差异。已有的研究表明，采用压力铸造（包括离心铸造和挤压铸造）工艺，由于高温停留时间短，无论合金中硅含量高低，都没有观察到两相间的反应。SiC 与 Al 之间的界面结合表现为 SiC－Al 的直接结合或 SiC－Si－Al 的间接结合，SiC 与 Al 之间无固定的位向关系[117]；采用搅拌铸造，高温停留时间相对较长，能观察到 SiC 与 Al 之间的轻微反应，SiC 与 Al 之间的界面局部区域呈台阶状，因少量界面反应而在相界面上有少量游离的镁铝尖晶石析出[117]。相比之下，采用无压熔渗工艺，在高温停留的时间最长，一般在 1h 左右。已有的研究结果表明，SiC 与 Al 之间的直接或间接反应都相当剧烈，界面处发生的反应因气氛、合金成分、SiC 表面状态不同而变化。尽管这些可能存在的反应都已经被很好地揭示出来[118]，但反应产物在 SiCp/Al 界面处的存在形态未能相应地解释清楚，特别是 SiC 晶型众多，反应后的界面形态与结构也存在很大变化。

4.6.1 SiCp/Al 复合材料的界面状况

图 4-3 示出了无压熔渗法制备的高体积分数 SiCp/Al 复合材料的界面形貌。可以看出，铝合金基体与 SiC 颗粒之间存在一定厚度的界面层（白色发亮区），界面处有少量的界面反应产物。无压熔渗 SiCp/Al 复合材料存在界面反应，正是这种界面反应得以改善 SiCp/Al 系统的润湿性，加强增强体与基体的结合。

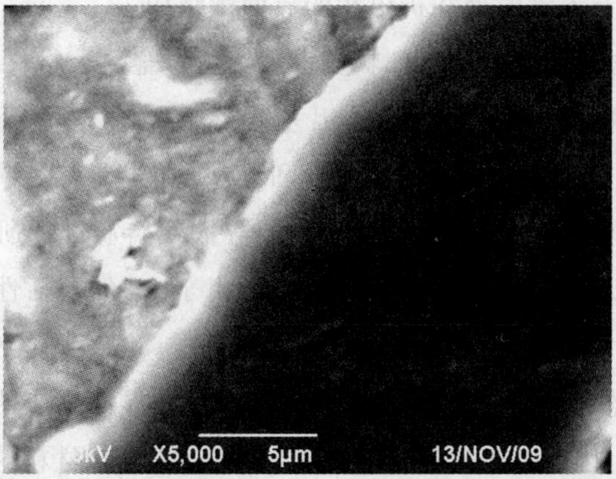

图 4-3 无压熔渗法制备的 SiCp/Al 复合材料的界面形貌

本实验采用的磨料 SiC 粉体含有多种晶型，主要有 4H、8F、15R、21R 四种晶型，SiC 表面的 SiO_2 薄膜为 α-SiO_2。铝合金渗入 SiC 预成型坯后的 X-Ray 分析表明（如图 4-4 所示），SiCp/Al 复合材料除了 SiC 和 Al 两种主要成分外，还有少量的 Si、$MgAl_2O_4$、Mg_2Si 和 Fe。由于在基体铝合金中含有 Mg，而 Mg 易与 SiC 表面的氧化层 SiO_2 发生反应，形成 $MgAl_2O_4$ 或 MgO。所以复合材料制备过程中不仅发生 SiO_2 与 Al 的反应，同时 SiO_2 也会与 Mg 发生反应，生成界面反应产物。另外，作为造孔剂加入的 $Fe(NO_3)_3$ 加热分解时产生的 Fe_2O_3 也容易与铝液发生铝热反应。

根据复合材料的最终成分可判断在液态铝合金自发渗入 SiC 坯体过程中可能发生的界面反应如下：

$$Al + 3SiC = AlC_3 + 3Si \quad (4-3)$$

$$SiO_2 + 2Mg = 2MgO_2 + Si \quad (4-4)$$

$$3Mg+4Al_2O_3=MgAl_2O_4+2Al \tag{4-5}$$

$$2MgO+4Al+3SiO_2=2MgAl_2O_4+3Si \tag{4-6}$$

$$MgO+Al_2O_3=MgAl_2O_4 \tag{4-7}$$

$$2SiO_2+2Al+Mg=MgAl_2O_4+2Si \tag{4-8}$$

$$2Al+Fe_2O_3=Al_2O_3+2Fe \tag{4-9}$$

$$2Mg+Si=Mg_2Si \tag{4-10}$$

反应式(4-5)和式(4-7)主要清除铝液熔渗前沿表面的 Al_2O_3 氧化膜，使铝液和 SiC 表面的 SiO_2 膜直接接触，导致液-固界面反应式(4-7)的顺利进行。前面的研究表明，反应式(4-8)是促成自发渗透的关键。Lee 的研究表明[119, 120]，经氧化处理的 SiC，液-固界面反应在 SiC 颗粒表面形成密集的 MgO 或 $MgAl_2O_4$ 颗粒相，可以有效地阻止形成 Al_4C_3 有害物的反应发生。SiO_2 膜因界面反应而消耗，当界面反应耗尽 SiO_2 氧化层后，界面反应也就终止[117]。这样铝液与 SiC 间的界面层 SiO_2 在自发渗透过程中逐渐转换成 MgO 或 $MgAl_2O_4$ 过渡层。反应式(4-8)的另一产物 Si 在液态铝凝固过程中，由于固溶度的限制会从铝基体中析出，或以 Mg_2Si 的形式析出，其形核长大点不一定在界面处。

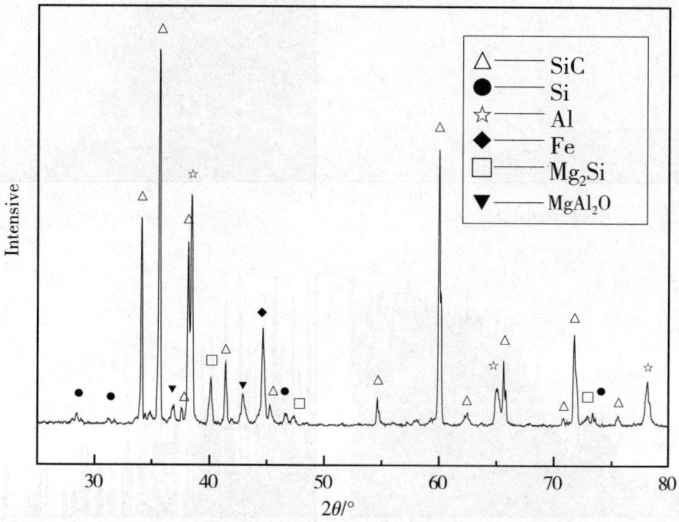

图 4-4　SiCp/Al 复合材料的 X-Ray 图谱

图 4-5 为无压熔渗 SiCp/Al 复合材料界面附近成分分布的全元素线扫描结果。可以看出，在复合材料基体和增强相的界面处，Al 和 Si 元素含量

变化曲线非常的陡，在很短的距离内便完成峰谷的转变。Mg 元素在复合材料界面处有富集；另外，Mg 元素的绝对含量都较少。这主要是因为 Mg 元素本身是一种活性元素（在非放射性金属元素中，Mg 的活泼性仅次于 K、Ca、Na，为第四号活泼元素），在铝合金熔化时，根据吉布斯吸附理论，Mg 元素会富集于液态金属表面处，降低界面张力，促进润湿和渗透，但同时由于温度高，持续时间较长，在流动的氮气气氛下易从基体中挥发出来[121]。

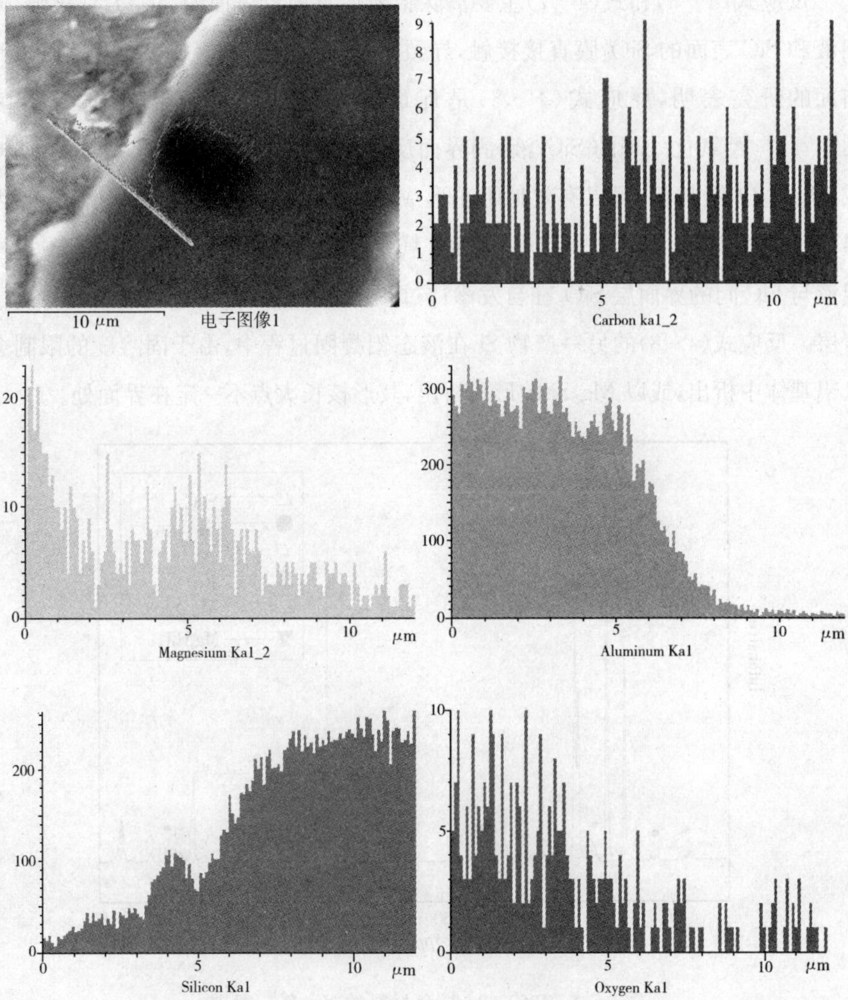

图 4-5　无压熔渗 SiCp/Al 复合材料界面成分分布的线扫描分析

通过对复合材料进行成分的线扫描以探明各相在复合材料中的存在状态，特别是 SiC－Al 界面处的化学成分。多次线扫描的结果，得到的界面成分分布，如图 4－5 所示。在 SiC 粉体内只有 Si，没有其他元素出现，这表明 SiC 颗粒在液态铝熔渗过程中保存完好；紧邻 SiC 表面 Al、Mg、O 的浓度高，而 Si 的浓度很低，这表明 SiC－Al 的界面产物为铝、镁的氧化物，结合 X－Ray 分析，可以初步判断是 $MgAl_2O_4$。

由于 EDS 线扫描分辨率很低，只能在较地倍数下进行，对于亚微米级的界面分析有较大误差，只能用做参考，有必要进行更深入地分析。通过常规磨制、抛光制备的试样进行成分扫描，能基本了解 SiCp/Al 复合材料的界面区域的成分和物相，但很难获得这些相的形貌和细微结构，这是由于磨制试样的过程中塑性的金属基体会发生微量变形，极易掩盖很薄的界面层。采用金相磨制和氩离子束轰击减薄相结合能获得相界面的原始形貌，进行高倍下的扫描和透射观察能获得微区特别是界面层更为细致的结构信息。

4.6.2 SiCp/Al 复合材料界面的 TEM 分析

制备 SiCp/Al 复合材料时一旦增强体和工艺方案选定，其性能就决定于基体的成分、组织和界面结合状态，因此通过显微分析可预知材料性能的好坏。本节主要利用 TEM 分析复合材料中基体的显微结构、碳化硅颗粒原态和 SiC－A1 界面结构。图 4－6 是体积分数为 60％的 SiCp/Al－10Mg－8Si 复合

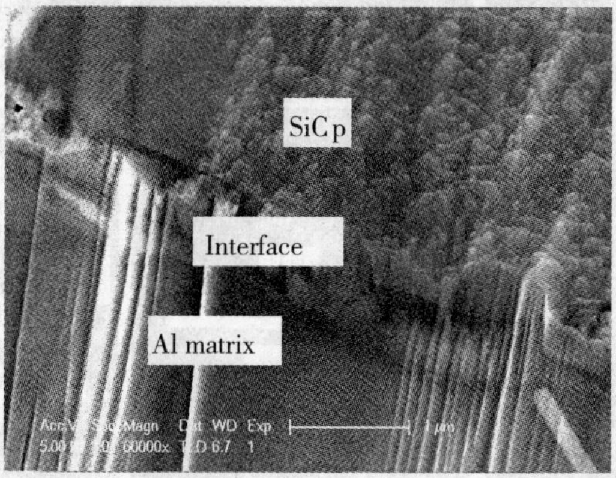

图 4－6 体积分数为 60％的 SiCp/Al－10Mg－8Si 复合材料 SiC－Al 界面形貌

材料 SiC－Al 界面形貌。从图中可清晰的观察到在 SiC 和铝合金间存在连续、致密的过渡层，过渡层厚度为 0.4μm 左右。

为进一步明确界面层的成分、结构以及界面层与 SiC 增强体、铝基体结合状况，对氩离子束轰击减薄试样进行高分辨透射分析。部分选区电子衍射如图 4－7 所示。经标定后，图 4－7(a)、(b)、(c)、(d)对应的分别为铝基体(面心立方)、$MgAl_2O_4$(面心立方)、SiC(15R)、SiC(8F)，(e)、(f)为 SiC－$MgAl_2O_4$ 界面处的选区电子衍射及其标定结果。$MgAl_2O_4$ 的两垂直、相邻的倒易矢量与 4H 型 SiC 间的两相邻、垂直倒易矢量方向相同，长度则分别约为 $MgAl_2O_4$ 相应矢量的一半。很明显两者间的位相关系为：

$$[\bar{1}100]_{SiC(4H)} \parallel [\bar{1}\bar{1}2]_{MgAl_2O_4}$$

$$[0002]_{SiC(4H)} \parallel [111]_{MgAl_2O_4}$$

$$[11\bar{2}0]_{SiC(4H)} \parallel [\bar{2}20]_{MgAl_2O_4}$$

两组平行晶面间存在半共格关系。

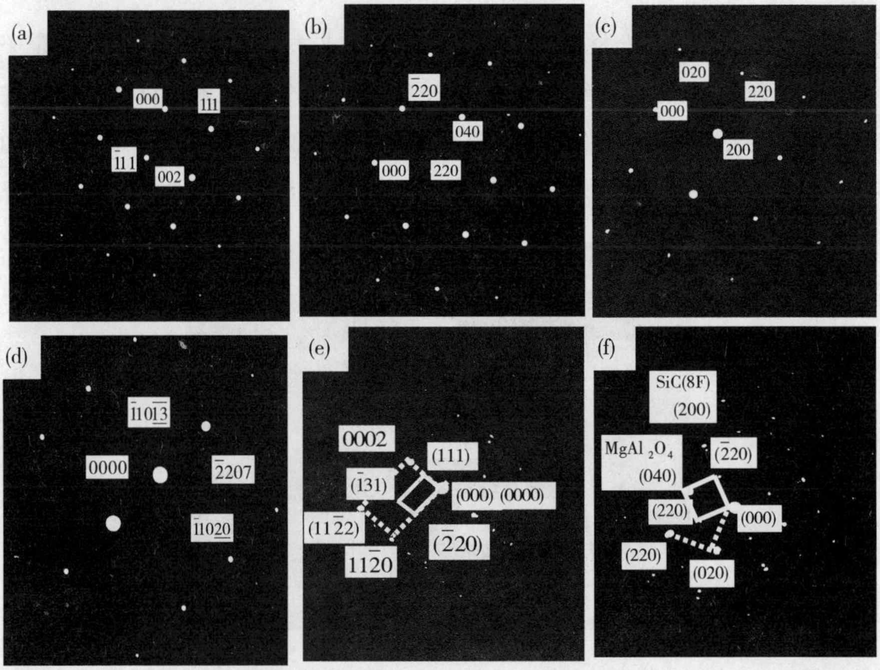

图 4－7 体积分数为 60%的 SiCp/Al－10Mg－8Si 复合材料选区电子衍射分析

同样的，图 4-7(f)中 8F 型 SiC 与 $MgAl_2O_4$ 间的位相关系为：

$$[00\bar{1}]_{SiC(8F)} \parallel [00\bar{1}]_{MgAl_2O_4}$$

$$[200]_{SiC(8F)} \parallel [040]_{MgAl_2O_4}$$

$$[220]_{SiC(8F)} \parallel [220]_{MgAl_2O_4}$$

平行晶面间也存在半共格关系。

对于 6H 型 SiC，有文献报道[122]两相存在以下位相关系：

$$[0001]_{SiC} \parallel [1\bar{1}1]_{MgAl_2O_4}$$

$$[2\bar{1}\bar{1}0]_{SiC} \parallel [011]_{MgAl_2O_4}$$

本实验结果表明，4H 型和 8F 型 SiC 与 $MgAl_2O_4$ 间具有不同的位相关系，且不同于 6H 型 SiC。可见，SiC - $MgAl_2O_4$ 界面层的位相关系较多，不同的 SiC 晶型与 $MgAl_2O_4$ 间可能具有不同的位相关系。

4.7　本章小结

以 W85/W28 和 W50/W14 两组 SiC 粉体为原料，采用氧化结合工艺制备用于无压熔渗的预成型坯。在 950℃、氮气气氛中，能使液态铝合金完全渗入 SiC 预成型坯内颗粒间的所有间隙，达到近完全致密。这主要归因于三个方面的因素：一是 SiC 陶瓷骨架低温烧结能保证其内部孔隙的连通性和开放性；二是多孔材料的内表面无残留，只有 SiC 颗粒氧化形成的致密的 SiO_2 层以及 $Fe(NO_3)_3$ 分解产生的 Fe_2O_3 附着在 SiC 颗粒表面，该氧化膜及氧化物颗粒在液态铝渗入过程中通过界面反应获得液-固两相润湿，促使铝液渗入；三是由于 $Fe(NO_3)_3$ 的加热分解生成的 Fe_2O_3，能与铝液发生铝热反应，进一步改善液-固两相润湿，促进铝合金液的渗入。液态铝自发渗入后，SiC 预成型坯无任何变形，而且外形尺寸也无变化。SiCp/Al 的尺寸变化主要发生在 SiC 预成型坯的制备过程中，采用渗透工艺具有仿形成型的特点。

通过改变造孔剂 $Fe(NO_3)_3$ 的加入量，能有效地调节 SiCp/Al 复合材料中金属和陶瓷的体积百分比。由于在铝液渗入过程中，SiC 固结在骨架中而不能发生相互间的移动，所以无论 SiC 含量高低、颗粒的大小，SiC 颗粒在最终的复合体系中分布高度均匀。由于 SiC 坯体内孔隙堵塞或局部异质污染都有可能导致该区域无法渗透，会使最终的复合材料中含有微孔。

SiC 与 Al 之间存在厚度为 0.4μm 左右的氧化物界面层，该界面层能很好地被铝液润湿，并阻止铝液与 SiC 的接触与反应。界面成分和结构分析表明，界面产物和 SiC 及与铝基体都存在一定的晶体学位相关系。

第 5 章　SiCp/Al 复合材料的力学性能

众所周知，复合材料的结构决定了其性能的好坏。本章通过观察复合材料的显微组织，依据复合材料力学性能的实验数据，讨论了 SiC 颗粒的特性包括粒径的大小、体积分数以及粒度级配等对复合材料的力学性能影响规律，为最终合理设计复合材料的性能提供理论基础。

5.1　引　言

钨铜(W/Cu)是目前应用较为广泛、热物理性能比较优异的电子封装材料，但它不仅工艺复杂、原材料和制造成本也很高，而且密度高达 $17g/cm^3$。相比之下，无氧铜与 Kover 合金，分别由于过高的线胀系数($17\times10^{-6}K^{-1}$)和过低的热导率($17W\cdot m^{-1}\cdot K^{-1}$)[7]，而难以满足先进电子装备与技术的发展要求。近年来兴起的高体积分数碳化硅颗粒增强铝基复合材料具有优异的综合性能(高比强度、高比模量、高导热、低膨胀)，而且原材料成本低廉，复合材料性能可通过控制两相体积配比进行任意剪裁以适应不同对象，在微波器件、功率模块、光电转换、电子封装等领域的应用日益广泛[123~128]。该复合材料极有可能在不久的将来发展成为广泛应用的"第三代"封装合金[129]。

5.2　实 验 方 法

实验选用了第二章所讨论的 4 种不同粒径 SiC 粉末级配的方式以 2∶1 混合，然后与硝酸铁造孔剂、黏结剂混匀后模压成型，获得含不同 SiC 体积分数的预成型坯，分别为 55%、60%和 65%。为了便于讨论 SiC 粉末特性及体积分数对复合材料性能的影响规律，将实验分成三组，如表 5-1 所示。无压熔渗用铝合金为 Al-10Si-8Mg，熔渗在氮气气氛中进行，熔渗温度为 950℃，保温时间为 90min。

表 5-1　不同 SiC 粉末的粒度级配及体积分数

组别	Ⅰ	Ⅱ	Ⅲ
SiC 粒度级配	W85/W28	W50/W14	W85/W28
体积分数%	55	60	65

采用三点弯曲法在日本岛津 DCS—5000 型电子万能材料实验机上进行抗弯强度（试样尺寸为 40mm×5mm×5mm）和弹性模量的测试，其原理如图 5-1 所示。采用连续加载的方式，加载速度为 0.2mm/min。

试样的抗弯强度可按式(5-1)计算：

$$\sigma=\frac{3FL}{2bh^2} \tag{5-1}$$

式中，σ 为抗弯强度，Pa；F 为最大断裂载荷，N；L 为两支点的距离即跨距，试验中取 30mm；b 为试样的宽度，mm；h 为试验的高度，mm。

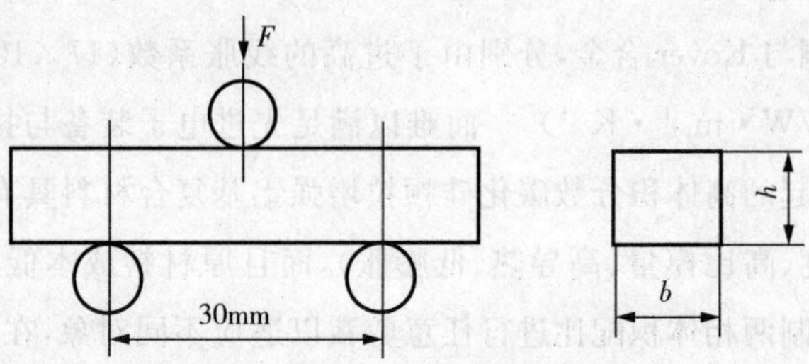

图 5-1　三点弯曲测试示意图

5.3　实验结果与讨论

5.3.1　SiCp/Al 复合材料的颗粒增强机制

无论是结构件还是功能件，力学性能都是一项基本要求。金属具有比陶瓷好得多的韧性，而且强度从理论上尚有很大的提升空间。提高金属材料的强度有两个截然相反的途径[130]：一是制备大块、无任何缺陷的单晶，使其强度接近理论强度，但制造成本高昂，而且这种高强度极易受到微量缺陷的严重干扰；二是在金属中引入大量的缺陷以阻碍位错运动，从而达到提高材料性能的目的，阻碍位错移动的手段有合金强化、细晶强化、相变强化、沉淀弥散强化等。采用引入缺陷来提高金属材料强度的方法在工业应用上获得巨大成功，采用该方法制备的超高强度钢丝的拉伸强度能达到 4120MPa[131]，是一般结构钢强度的 3～5 倍，但由于技术水平的限制，这种超高的强度很难在大的块体材料上实现。与常规金属材料相比，陶瓷材料具有更高的强度，将陶瓷颗粒引入金属材料可以起到类似弥散强化的作用，其强化机制主要是通过钉扎位错和抑制晶粒变形来提高金属材料的屈服抗力。

当陶瓷粒子位于金属晶粒内部时，其钉扎位错的强化机理等同于 Orowan 机制[130]（如图 5－2 所示）：在外加切应力的作用下，金属基体中的位错发生运动，当其遇到陶瓷粒子时，位错被钉扎；只有进一步增大外力，才

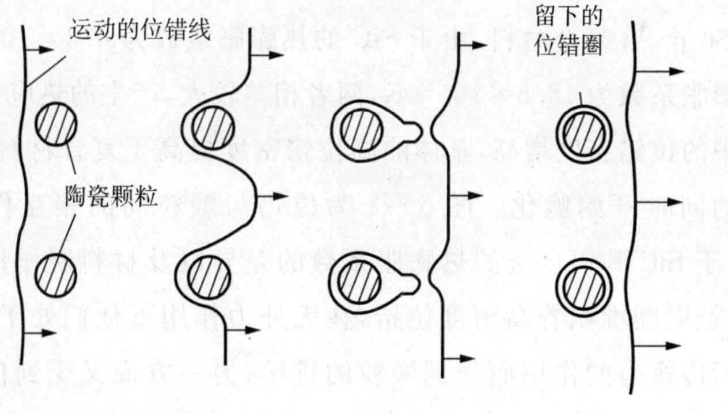

图 5－2　Orowan 机制示意图

能使位错线绕过陶瓷粒子，并在陶瓷粒子周围留下一个位错环。克服陶瓷粒子阻碍作用所需的临界切应力与陶瓷粒子的直径成反比，当陶瓷粒子越细时，分布越弥散，则强化效果越好。

金属在外力作用下的变形是通过位错的移动、孪晶的形成和晶粒的协调变形来共同完成的。对于多晶体，由于相邻晶粒间的取向不同，运动的位错不能从一个晶粒中的滑移带入相邻晶粒的滑移带，此时材料的整体变形

是通过晶界变形来协调的。当陶瓷粒子位于晶界时，晶粒间的协调变形受到抑制，需要更大的外力才能促使晶粒变形。陶瓷粒子此时的增强效果与陶瓷粒子的平均间距的平方根成反比，类似于 Hall－Petch 关系式[131]。

金属基复合材料的力学性能与复合材料的制备工艺、颗粒与基体的界面结合状态、颗粒在基体中的分布以及颗粒的形状、尺寸和体积分数等因素均有关系[132,133]。陶瓷粒子的强化效果及作用机制不仅与陶瓷本身的特性有关，还与陶瓷粒子的大小、陶瓷与金属间的界面结合力有关。对于陶瓷颗粒增强金属，化学结合的高强度界面是最理想的。只有界面结合强度足够高，才能保证位错绕过过程中或晶粒变形过程中带来的应力增大不至于使界面开裂。陶瓷粒子的大小决定了陶瓷粒子在金属基体中所处的位置：当陶瓷粒子小于金属晶粒尺寸时，才有可能位于晶粒内部，此时选用的陶瓷颗粒至少低于微米级，一般几百个纳米以下，陶瓷粒子的强化作用主要是钉扎位错的运动；当陶瓷粒子大于金属晶粒尺寸时，则一般位于晶界，此时陶瓷粒子的尺寸一般在微米级，陶瓷粒子的强化作用主要是抑制金属晶粒间的协调变形。

对于 SiCp/Al 复合材料，由于 SiC 的热膨胀系数为 4.3×10^{-6}/K，而铝合金的热膨胀系数为 18.8×10^{-6}/K，两者相差较大，产生的热应力使得界面附近基体中的位错密度增高，基体的高位错密度提高了复合材料的强度，但材料强化的同时开始脆化。图 5－3 为位错与颗粒间的相互作用的示意图[134]。由于 SiC 和铝合金的热膨胀系数的差异以及材料制作过程中温度的影响，颗粒周围堆积着高密度位错，在无外力作用下他们处于平衡状态，即一方面因镜像力的作用而受到颗粒的排斥；另一方面又受到位错塞积应力的作用而被推向颗粒。当外力作用于位错时，破坏了原有的平衡，把位错推向颗粒。当位错运动到颗粒与基体的交界面时，界面的结合情况对位错的运动有很大的影响。

当界面的结合强度很低时，位错会使界面分开而形成微孔。由于微孔的形成，使得作用在后续位错上的排斥力大大降低，从而使得微孔得以长大（如图 5－3(b)所示）。另一方面，原存在于位错后方的，由于前面位错塞积的约束，曾经变得不活泼的位错源此时又被重新激活产生新的位错，并源源不断地推向微孔，使微孔的侧向发生迅速而不稳定的长大，最终导致发生颗粒从基体脱落形成孔洞。当界面的结合强度很高时，位错会直接穿过颗粒，导致颗粒的开裂（如图5-3(c)）所示。

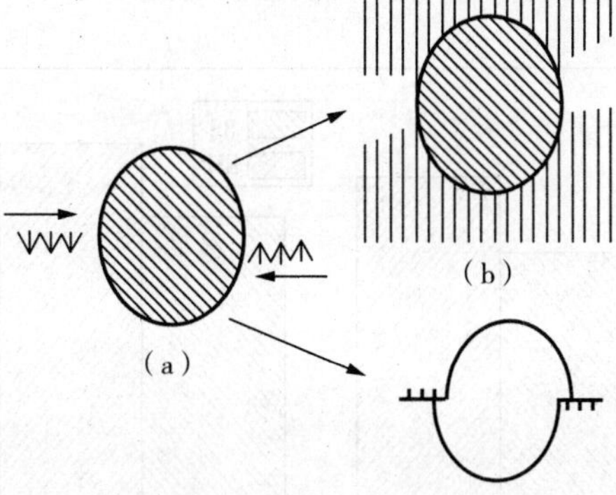

图5-3　位错与颗粒相互作用

目前人们对SiCp/Al复合材料机械性能的研究大多集中于低体积分数增强体（增强体体积分数一般小于20%），而对于高增强体含量的金属/陶瓷复合材料力学性能的研究，直到近年来才有相关报道。研究表明，影响强度的因素多而复杂，其中最主要的因素是基体的强度。基体强度高，复合材料的强度也相应提高。一般而言，提高SiC含量会增加复合材料的屈服强度[135]，但提高的幅度随SiC含量的增加而减小。当前使用的高体积分数SiCp/Al复合材料的研究主要集中于热物理性能，但是如果用作电子封装材料，除需具有低膨胀、高导热等良好的热物理性能外，还必须具有一定的机械强度，以免其封装材料和器件在组装、运输以及使用过程中遇到压力、振动、冲击或摩擦时而受到损坏。

5.3.2　颗粒级配对SiCp/Al复合材料力学性能的影响

图5-4是体积分数为60%的SiCp/Al复合材料的抗弯强度和弹性模量随SiC颗粒级配的变化图。由图可知，较大SiC颗粒级配复合材料的抗弯强度低于小颗粒SiC级配复合材料的，而弹性模量相差不大。分析其原因，认为主要是由于SiC颗粒的大小影响着复合材料内部应力的分布状态，颗粒尺寸越大，应力集中也就越严重，SiC颗粒优先开裂；另一方面，当颗粒尺寸增大的时候，颗粒表面积也同时增大，这样颗粒表面及内部预设的缺陷也就

更多,这些缺陷会成为材料断裂的裂纹源,造成大颗粒的优先脆断,从而导致复合材料的抗弯强度降低。同时,由于材料的弹性模量对组织不敏感,因此表现为颗粒大小对复合材料的弹性模量没有显著影响。

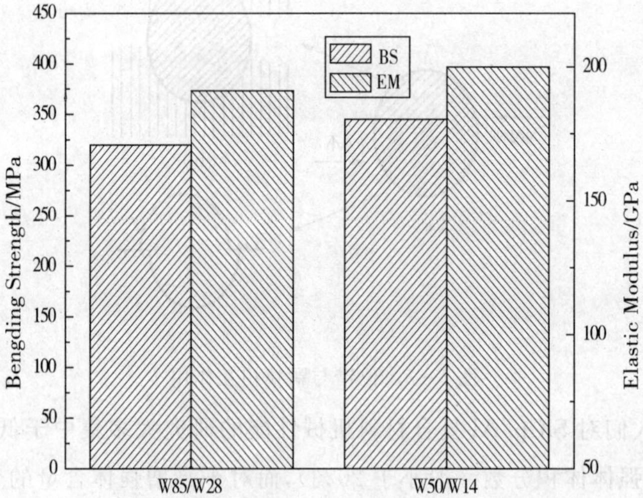

图 5-4　含有不同 SiC 粒径的 SiCp/Al 复合材料的抗弯强度和弹性模量

图 5-5 是体积分数为 60%的 SiCp/Al 复合材料断口的 SEM 照片。由图可知,两种颗粒级配复合材料内部结构致密,没有发现孔隙的存在。断面上留下大量 SiC 粒子剥离后留下的颗粒外围轮廓印迹,如图 5-5(a)所示。在相邻 SiC 粒子轮廓之间是铝基体的突起,如图 5-5(b)所示,形成了类似韧窝的形貌,这说明材料断裂时,裂纹主要是沿着 SiC-Al 分界面扩展,铝基体有一定的韧性,表现出撕裂的特征。

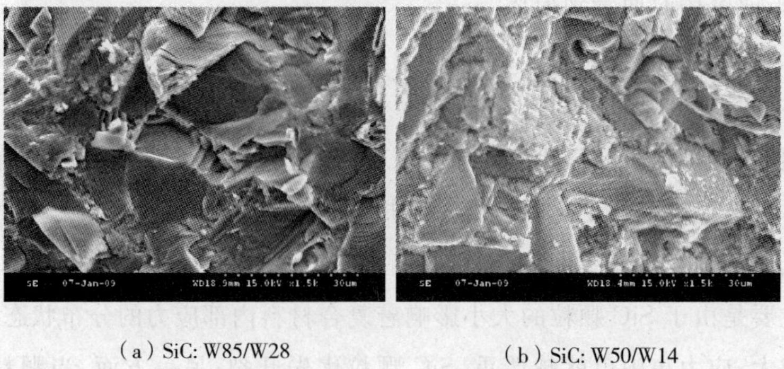

(a) SiC: W85/W28　　(b) SiC: W50/W14

图 5-5　是体积分数为 60%的 SiCp/Al 复合材料断口的 SEM 照片

采用 SiC 预成型坯渗透液态铝合金工艺，SiC 颗粒形成嵌入铝基体内的三维互通结构，这种三维陶瓷骨架在形貌观察上存在技术难度，但在材料制备过程中则能直接体现这种三维贯通结构。渗透完毕的样品紧紧黏附在铝基体中，必须在空气中将铝合金重新融化才能将样品用耐火钳取出。而此时，渗透过的样品内的铝合金同样呈液态，根本不具备支撑样品所需的强度，样品的强度是靠固相的、三维互通的 SiC 陶瓷来维持的。由于陶瓷的刚度远大于铝合金基体，所以陶瓷骨架是承载的主体，材料断裂以脆性断裂为主，裂纹走向主要沿着 SiC-Al 分界面、SiC 与 SiC 间较脆弱的烧结颈扩展。延性的金属由于被 SiC 颗粒分隔在狭小的颗粒间隙，其在裂纹扩展过程中产生少量的塑性变形后被撕裂。

图 5－6 为 SiCp/Al 复合材料的抗弯强度和弹性模量随 SiC 体积分数的变化图。由图可知，SiC 颗粒体积分数对复合材料的弹性模量有明显的影响，SiCp/Al 复合材料的弹性模量随 SiC 含量的增加而增大；SiC 体积分数达到 65％后，其弹性模量可达近 200GPa，然而复合材料的抗弯强度随着 SiC 体积分数的增加而缓慢降低。分析后认为，其主要原因是在于，随着 SiC 含量的增加，一方面，复合材料中的有效承载增多，有利于复合材料强度的提高，同时材料的脆性也将随着 SiC 含量的增加而增大，而且在较高的 SiC 含

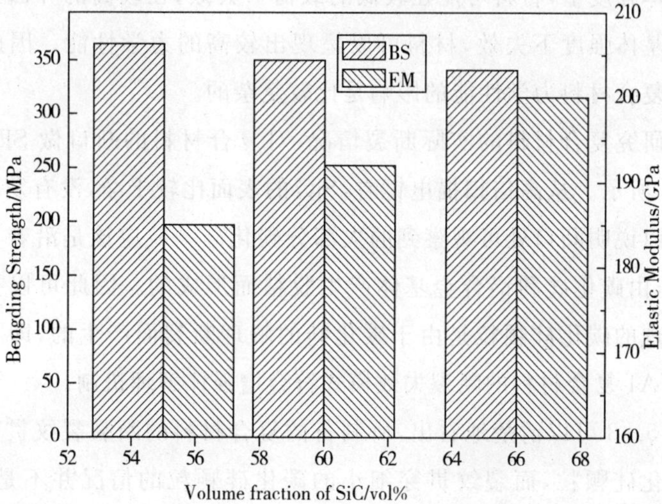

图 5－6　不同 SiC 体积分数 SiCp/Al 复合材料的抗弯强度和弹性模量

量的复合材料中，选用的颗粒尺寸越大，越易于在低应力下断裂，从而影响材料的抗弯强度。因此，材料的强度受到颗粒体积分数、大小、缺陷含量等因素的共同影响。另外，用当前条件所制备的复合材料为非烧结体，碳化硅粉末还能够保持原始状态，在体积分数相当的前提下，原始粉末特性(粒径，缺陷多少等)应该是决定复合材料抗弯强度的关键因素。

5.3.3 SiCp/Al 复合材料的断裂方式

对于颗粒增强金属基复合材料来说，材料的失效方式对其性能的影响极为关键。其主要存在以下三种典型的失效方式[136]：

(1)界面控制机制：复合材料沿着基体和增强体的边界裂开，一般是由于颗粒和基体的结合强度不高(例如，界面处由于界面反应产生了大量的脆性相)，增强体颗粒不能很好地发挥其作为复合材料增强颗粒的作用，该断裂方式一般会引起材料性能的恶化。

(2)增强体解理机制：材料中的部分或全部增强体颗粒发生断裂，由于大尺寸颗粒很难和基体协调变形，颗粒发生断裂的情况对于尺寸较大的增强体颗粒更为常见。

(3)基体控制机制：复合材料沿着基体断裂，在较高的界面结合强度和较低的基体强度下，材料可能在较低的载荷下失效；在较高的界面结合强度和较高的基体强度下失效，材料可以呈现出较高的力学性能。因此这种断裂方式对复合材料力学性能的影响是比较复杂的。

为了研究复合材料的实际断裂情况，对复合材料的断口做 SEM 分析，如图 5-7 所示。从高倍扫描电镜看，SiC 的表面比较干净，没有发现其他杂物。这可以说明断口处可观察到的大部分碳化硅颗粒应该是沿着其内部断裂的，并非由碳化硅和铝合金基体产生脱粘而形成的。因此可以初步认为断口中出现的碳化硅颗粒是由于碳化硅的解理断裂而产生的，即本实验制备的 SiC/A1 复合材料的断裂失效模式符合增强体解理机制。

由图 5-8 可以清楚地看出，所制备的复合材料的断裂裂纹贯穿了较为粗大的碳化硅颗粒，而裂纹贯穿细小的碳化硅颗粒的情况并不是很明显。值得注意的是，复合材料中断裂裂纹源并不是全部处于碳化硅的中央部位，而是有部分裂纹是产生于碳化硅颗粒的尖角处，产生这种情况的原因是由于碳化硅颗粒尖角处的应力集中比较严重或者碳化硅粉末本身在表面处存在较多微裂纹等缺陷，当复合材料受力时，材料的裂纹更容易沿着这些地方延伸。制备该复合材料的粉末粒径比还是比较大的，因此复合材料中粗大碳化硅颗粒更容易趋向断裂。由于粗大的碳化硅颗粒占了复合材料中碳化硅颗粒总和的大部分，当裂纹贯穿了粗大的碳化硅后，其延伸方向可能是沿着细小碳化硅颗粒和铝合金基体界面、细小的碳化硅内部或者是铝合金基体，因此断裂裂纹的其他延伸方向基本上只能是沿着基体进行，这同时可以解释在复合材料断口上看到的细小碳化硅颗粒的数目很少的原因。当前复合材料的断裂方式属于增强体解理类型，说明了碳化硅和基体的结合是相当充分的，这对于提高复合材料的力学性能是有好处的。

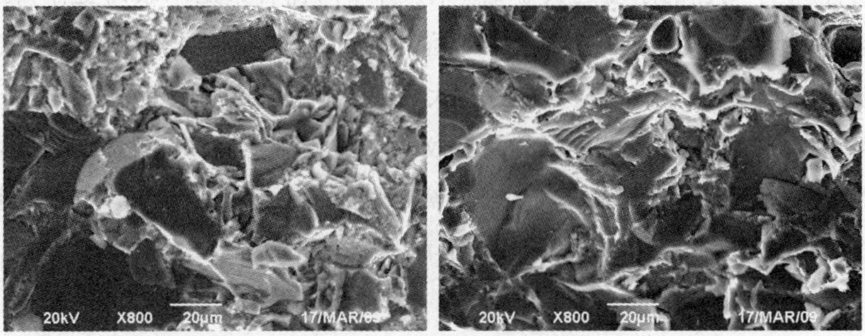

图 5-7 SiCp/Al 复合材料断口形貌

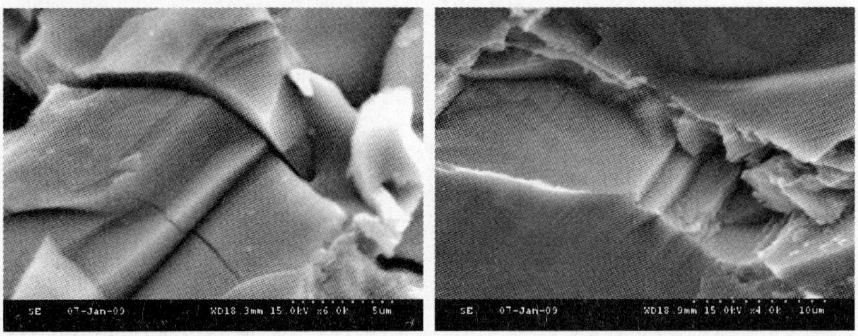

图 5-8 SiCp/Al 复合材料断口形貌

5.4 本章小结

铝基体中引入高体积分数的 SiC 增强体后强度显著提高，抗弯强度都在 300MPa 以上，最高达 381MPa。抗弯强度并不随着 $Fe(NO_3)_3$ 添加量的增加而单调增加，而表现出先增后减的趋势。W85/W28 预成型坯渗透得到的复合材料强度略低于 W50/W14 配比。但总体上，材料的强度随增强体含量的改变而波动的幅度不大。

采用 SiC 预成型坯渗透液态铝合金工艺制备的 SiCp/Al 具有两相互通的特性，由于陶瓷的刚度远大于铝基体，所以陶瓷骨架是承载的主体，材料断裂以脆性断裂为主。裂纹走向主要沿着 SiC－Al 分界面、SiC 与 SiC 之间较脆弱的烧结颈扩展，少量是穿过较大的 SiC 颗粒。延性的金属由于被 SiC 颗粒分隔在狭小的颗粒间隙，其在裂纹扩展过程中产生少量的塑性变形后被撕裂。断面上留下大量 SiC 粒子剥离后留下的颗粒外围轮廓印迹，在相邻 SiC 粒子轮廓之间是铝基体的突起，形成类似韧窝的形貌。

第 6 章　SiCp/Al 复合材料的热物理性能

本章通过对 SiCp/Al 复合材料的热导率、热膨胀系数等热物理性能进行测试，并结合不同模型进行比较，研究了 SiC 粒径及体积分数对复合材料性能的影响，为进一步提高 SiCp/Al 复合材料的性能以及拓展 SiCp/Al 复合材料的应用领域提供了参考和借鉴。

6.1 引　言

当固体材料一端温度高于另一端温度时，热量会自动地传向冷端，这个现象称为热传导。其实质是材料中晶格振动的传导过程及金属材料的电子导热过程。热传导是物质内部微观粒子相互碰撞的结果。金属和陶瓷有着不同的传热机制，金属中存在大量的自由电子，而电子质量很轻，运动速度很快，可以实现热量的快速传递，因此金属一般都具有较高的热导率；而在陶瓷中，自由电子很少，热量的传递主要通过晶格振动产生的格波—声子间的碰撞来进行的。与金属相比，绝大多数陶瓷具有较低的导热能力。尽管金属和陶瓷具有不同的传热机理，但两者传热规律有相似之处：一般随着温度升高，晶格振动引起的散射加剧，本征缺陷浓度增大引起的散射也加剧，从而导致两类材料的导热能力下降；杂质含量增大也会引起散射增强，从而使导热系数下降。

在陶瓷颗粒增强金属基复合材料中，金属相主要依靠自由电子传递热量，增强相主要以声子传热为主[137]。声子和电子对复合材料的热传导共同起作用，并且基体和增强体颗粒之间的界面对电子、声子运动都具有一定的散射作用，从而阻碍了热传导的进行。

复合材料的导热系数是对组织结构非常敏感的参数。它与基体和增强相的导热性能以及增强相的含量直接相关。基体和增强相的导热性能好,则复合材料的热学性能也会相应提高。从提高复合材料导热能力的角度考虑,应尽可能选高导热能力的金属和陶瓷增强体。导热性能好的常用金属主要是铜和铝;导热能力强的陶瓷则主要是化学结合能高、原子半径小、原子量小、晶型结构简单的无机材料,如金刚石、氧化铍、碳化硅、氮化铝等。高导热陶瓷都具有比其他陶瓷高得多的导热能力,有的甚至高于导热能力好的铜和铝。当增强相的导热性能优于基体时,复合材料的导热系数(TC)随增强相体积分数的提高而增大;反之,则随增强相体积分数的提高而减小。

6.2 SiCp/Al 复合材料的导热性能

6.2.1 SiCp/Al 复合材料热导率的测试

本试验采用日本产 TC—7000H 型激光热常数测试仪测定复合材料的热扩散系数,进而求出其热导率,其基本测量原理见图 6-1 所示。激光法是一种测量材料导热性能的常用方法。该方法所要求的样品尺寸较小,比较适合中高热导率材料的测量。

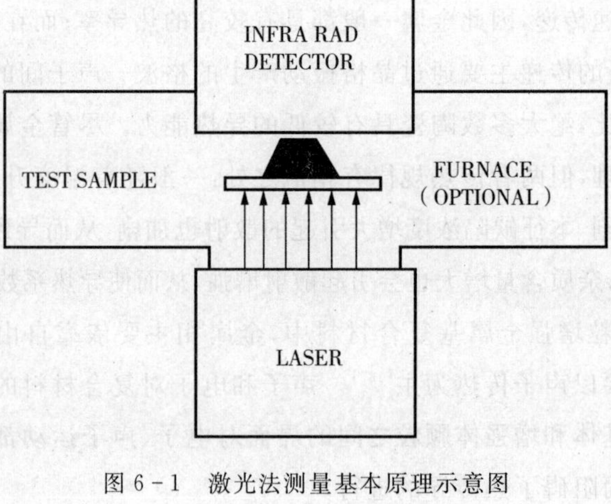

图 6-1 激光法测量基本原理示意图

在已知温度 T 下的热扩散系数 γ、比热容 $C_p(T)$ 与密度 $\rho(T)$ 的情况下便可计算得到导热系数。其中，密度随温度的变化可使材料的热膨胀系数进行修正，在测量温度不太高、密度变化不太大的情况下也可近似认为不变。比热可使用文献值、可使用差示扫描量热法(DSC)测量，也可在激光闪射法仪器中与热扩散系数同时测量，即通过比较法得到。其方法是使用一个与样品几何尺寸相近、热物性相近、表面状况相同且比热值已知的参比样品，为了确保与样品具有相同的表面激光能量吸收比与红外发射率，与样品同时进行表面涂覆，并同时进行测量，通过比较样品与参比样的温升信号大小求得。热导率计算公式如下：

$$\lambda = \alpha C_p \rho \tag{6-1}$$

式中，α、C_P、ρ 和 λ 分别为 SiCp/Al 复合材料的热扩散系数、比定压热容、密度和导热系数。

某温度下的稳态热导率本书中简称为热导率，其国际单位为 W/(mK)，本章所有 SiCp/Al 复合材料及基体导热率试样的测试均在 TC—7000H 型激光热常数测试仪上完成，测试温度范围为 25℃～200℃。每 25℃ 测量 3 次，取平均值。

6.2.2　SiCp/Al 复合材料热导率

图 6-2 是所制备的几种 SiCp/Al 复合材料的室温热导率。由图 6-2 可知，复合材料的热导率都在 100W/(mK)以上，远高于传统的柯伐合金(热导率为 17W/(mK))，略低于钨铜合金(180～200W/(mK))，但其密度不到钨铜封装材料的 1/5，当 SiC 体积分数提高到 65%时，复合材料的热导率达到 142W/(mK)，其属于高性能的新型电子封装材料。观察图 6-2 也可以发现，采用相同 SiC 体积分数，SiC 粒径越大则复合材料表现出的热导率越高。另外也可以看到，经过相同粒度级配后的 SiC 颗粒，随着体积分数的增加，复合材料的热导率也有所增加。当体积分数处于较高时，这种增加的规律不再显著。

物质的热传导就是能量的传送过程。在颗粒增强铝基复合材料中，基体为铝合金，主要依靠自由电子传递热量：增强体为非金属颗粒，主要依靠声子传热[138,139]。当它们组成复合材料时，声子和电子对热传导共同起作用。同时，由于 SiC 颗粒的体积分数较高，它的加入在材料中引起大量界面，对电子和声子运动具有一定的散射作用，因此会阻碍热传导的进行。

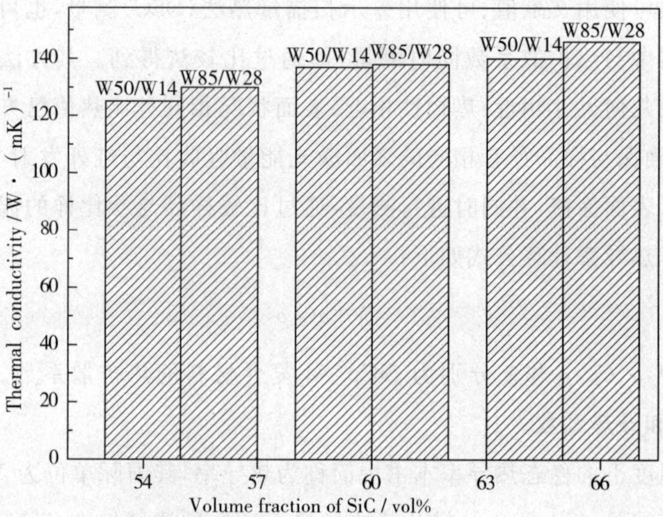

图 6-2　不同 SiC 颗粒级配及不同 SiC 体积分数复合材料的热导率

颗粒变细，颗粒的表面积增大，界面热阻的影响也大，因此复合材料的导热性能被削弱。同时，由于复合材料的增强体为非金属 SiC 颗粒，通常情况下其导热主要靠声子机制，声子和自由电子传输热能的能力会因几何界面散射而减弱，从而使复合材料的导热能力降低。复合材料中颗粒尺寸越小、粒度越细，则提供的散射面积越大，声子之间相互碰撞的几率增加，自由程大大减小，复合材料的导热性能也降低得越剧烈。

6.2.3　复合材料热导率预测模型

对于计算复合材料热导率常用的理论模型有 Maxwell 模型[140]、Rayleig 模型以及 Hasselman and Johnson 模型[141]，其表达式分别为式(6-2)、式(6-3)、式(6-4)：

$$\kappa_{com}=\frac{2(\kappa_p-\kappa_m)V_p+\kappa_p+2\kappa_m}{(\kappa_m-\kappa_p)V_p+\kappa_p+2\kappa_m} \tag{6-2}$$

$$\kappa_{com}=\kappa_m\frac{1+2V_p\dfrac{1-K}{2K+1}}{1-V_p\dfrac{1-K}{1+K}},\text{其中 }K=\frac{\kappa_p}{\kappa_m} \tag{6-3}$$

$$\kappa_{com}=\kappa_m\left\{\frac{2\left(\dfrac{\kappa_p}{\kappa_m}-2\dfrac{\kappa_p\cdot R_{Bd}}{d}-1\right)V_p+\dfrac{\kappa_p}{\kappa_m}+2\dfrac{2\kappa_p\cdot R_{Bd}}{d}+2}{\left(1-\dfrac{\kappa_p}{\kappa_m}+2\dfrac{\kappa_p\cdot R_{Bd}}{d}\right)V_p+\dfrac{\kappa_p}{\kappa_m}+2\dfrac{2\kappa_p\cdot R_{Bd}}{d}+2}\right\} \tag{6-4}$$

式中，κ_{com}为复合材料的热导率；κ_m、κ_p为基体和增强体热导率；d 为颗粒的直径；R_{Bd}为复合材料的界面热阻，$(m^2K)/W$；V_p为颗粒的体积分数；

Maxwell 模型和 Rayleig 模型都未考虑界面热阻的影响，其结果应该比实际实验值大。Hasselman and Johnson 方程是 Hasselman 和 Johnson 等人在对 Maxwell 关于多相材料导热性能研究的基础上得到的，该方程考虑复合材料中界面影响和增强体尺寸对导热性能的影响，因此对复合材料的导热性能预测比前两者更为准确。根据此式我们可以得出两个理论上的极限值，即当颗粒尺寸 $d\to 0$ 时，相当于铝基体中存在很多小孔洞的情况，容易得知，孔洞的存在降低了复合材料的热导率，因而此时复合材料的热导率是最低的；而当颗粒尺寸 $d\to\infty$时，此时复合材料的热导率最大，其结果相当于不考虑界面热阻对复合材料热导率的影响时的计算结果。由于界面热阻会降低复合材料的热导率，所以当忽略其影响时就得到复合材料热导率的最大值。当然，这两种情况只是在理论上存在，实际上复合材料的热导率就在这两个值之间随颗粒尺寸大小的增加而增加。

6.2.4 基于 Hasselman and Johnson 方程分析双颗粒级配对复合材料导热性能的影响

复合材料中的界面无论是多么理想，界面热阻始终是客观存在的。对于复合材料热导率的预测，考虑界面热阻是必需的。在界面状况相同的条件下，复合材料单位面积上的界面热阻是一致的，但是界面面积的大小会影响界面热阻的总和，而复合材料界面面积的大小又和复合材料中增强体的粒径密切相关。相关研究表明[142]，当碳化硅的粉末粒径小于 10μm 时，SiCp/Al 复合材料的导热性能会由于受到大量的界面热阻而使材料的热导率甚至还低于基体的热导率。参考相关文献，查得铝合金基体的热导率为

160W/(mK)[143]，尽管高纯 SiC 的导热系数大于铝基体，可达 400W/(mK)[144]，但试验使用的是纯度不高的磨料 SiC，导热系数一般在 80～200W/(mK)，可取其中间值 140W/(mK)，碳化硅和铝合金的界面热阻 R_{Bd} 约为 0.685×10^{-8} $(m^2K)/W$[145]。

Hasselman and Johnson 方程中只适用于单一平均粒径的增强体所制备的复合材料，因此用该方程来预测双粒径或多粒径增强体所制备的复合材料的导热性能会有一定的困难。本实验中，复合材料是由两种不同粒径的粉末级配后制备而成的，因此不能直接应用该方程来直接预测复合材料的热导率，根据粉末比表面积相等的原则，可以尝试将双粒径的粉末等效成为体积分数相同的单一平均粒径粉末。具体过程如下：

对于一般粉末，粉末的比表面积有以下公式：

$$S=\frac{a}{\rho D} \tag{6-5}$$

式中，S 是粉末的比表面积；a 是粉末的形状因子；ρ 是粉末密度；D 是粉末粒径。

假设粗细粉末的粒径分别为 D_c 和 D_f，它们在总的粉末中所占的体积百分比分别为 V_c 和 V_f，那么两种粉末总的比表面积为：

$$S_w=\frac{a}{\rho D_f}V_f+\frac{a}{\rho D_c}V_c \tag{6-6}$$

假设，用另外一种碳化硅粉末来替换这两种粉末（假设其粒径为 D_e），且使复合材料中碳化硅的体积分数和比表面积不变，那么式(6-6)变为：

$$\frac{a}{\rho D_f}V_f+\frac{a}{\rho D_c}V_c=\frac{a}{\rho D_e} \tag{6-7}$$

可以得到具有等效粒径的粉末 D_e 为：

$$D_e=\frac{D_f D_c}{V_f D_c+V_c D_f} \tag{6-8}$$

对于以下粉末组成，W50/W14、W85/W28 质量百分比分别为 2：1 的 SiC，根据等效粒径原理算出来的结果为 24.7μm、50.6μm，代入 Hasselman and Johnson 方程，得到两种复合材料（体积分数为 65%）的热导率分别为 205.7W/(mK) 和 211.4W/(mK)，实验结果为 142W/(mK) 和 139W/(mK)。造成部分测试结果偏低的原因，一个是由于所制备的复合材料一般并非全致密体，内部残留的孔隙会对热导率有一定的影响；另一个是由于 Hasselman and Johnson 方程中是以增强体颗粒为球形建模的，而实际上碳化硅颗粒为不规则多边形，其实际复合材料的界面要比预测的要多，因此用该模型预测出的材料热导率一般要比实际的要高一点。另外，由于采用等效粒径原理结合 Hasselman and Johnson 方程来预测材料的热导率时，并没有考虑粉末的粒度分布系数对材料的界面面积和实际导热性能的影响。实验中用到的粉末的粒度分布范围都比较大，实际的等效粒径应该要比计算值要高一点，因此计算结果比实际结果要低。

以上的分析是基于 Hasselman and Johnson 方程的，但基本上可以预测出复合材料的导热性能随着碳化硅体积分数和碳化硅粒径变化的趋势。对于当前实验结果，该方程所做的预测结果及其趋势还是相当吻合。但是，碳化硅原始粉末条件，复合材料制备时造成的内部缺陷，热处理工艺对基体及其界面的影响等问题会影响材料最终的导热性能，因此要准确预测复合材料的热导率将会比较复杂。在当前实验条件下，对照实验结果，增加复合材料中碳化硅颗粒的体积分数或者是增大碳化硅颗粒的粒径对提高其导热性能是有好处的。

6.3　SiCp/Al 复合材料的热膨胀系数

对于匀质晶体材料而言，原子排列十分规则，形成了晶体的点阵结构。每个原子跟它的周围的原子有相互作用力，并且在这个力的支配下绕平衡位置振动。温度一定时，原子虽然振动，但它的平均位置不变，故物体的体积没有变化。但这种振动不是线形的，在晶格平衡点临近两侧的作用力不对称——近于平衡点区域的斥力梯度大于位置远于平衡点区域的斥力梯度。这样，随着温度的升高，原子振动的振幅增大，相邻原子间的平衡点不断外移，使得宏观体积一直增大，从而形成了宏观体积的热膨胀现象。

铝合金具有低密度、高导热性能，但其热膨胀系数(CTE)大，一般在 $22\times10^{-6}\sim27\times10^{-6}\,K^{-1}$。当其在温度变化较大环境中服役时，尺寸稳定性很差。用作微电子封装材料时与半导体材料的 CTE 严重不匹配。而 SiC 具有很低的 CTE,在室温下约为 $4.5\times10^{-6}K^{-1}$。将 SiC 引入铝基体,一方面是为了提高铝基材料的力学性能,但更重要的是为了约束铝基体的热膨胀。因此,为使铝合金与半导体材料的 CTE 相匹配,必须将 SiC 的含量提高到足够高。

多相材料的膨胀行为比较复杂,对于 SiCp/Al 复合材料来说,材料是由均匀分布的碳化硅颗粒和连续的铝合金组成的,每种材料都有各自的热膨胀系数。温度升高时,每种材料都受到了另一种材料的制约,而且热膨胀系数的差异也会导致产生内应力,而内应力的产生将会抑制或促进材料的热膨胀。复合材料热膨胀性能决定了其尺寸的稳定性,也直接影响应力分布状态和抗热震性能。热膨胀系数表征了复合材料的线性或者体积变化程度是复合材料的重要热物理性能之一。

6.3.1 SiCp/Al 复合材料热膨胀系数预测模型

很多文献[146~150]研究了颗粒增强金属基复合材料的热膨胀行为,并从理论上建立模型对其进行了描述,而且还通过试验制备出了 CTE 很低的复合材料。但 SiCp/Al 复合材料的热膨胀行为极其复杂,目前还不能准确定量给出 CTE 与各相关参数之间的关系。热膨胀使材料内部产生复杂的应力,反过来这些复杂的应力分布又将约束和抑制进一步的膨胀,并有可能使材料发生一定的弹塑性变形[146]。

虽然影响 CTE 的因素很多,但有许多理论模型给出了很好的预测。ROM 模型是简单地将两种相的热膨胀系数按照体积分数进行复合,其表达式为:

$$a_c = a_m V_m + a^p V p \tag{6-9}$$

Turner 模型[151]假设复合材料在热应力下发生均匀的应变,每一相的尺寸变化都是同步的,即忽视了剪切应变的影响,其表达式如下:

$$\alpha_c = \frac{\alpha_m K_m V_m + \alpha_p K_p V_p}{K_m V_m + K_p V_p} \tag{6-10}$$

式中,α、K、V 分别为材料的热膨胀系数、弹性模量、体积分数,下标 c、m、p、分别用来标识复合材料、铝合金、SiC。Tuner 模型是在假定两相间相互作用力仅为正应力的条件下给出的,考虑的因素比较少,也比较简单,但与试验值相差比较大，一般比实测结果略低。

Kerner[152]在综合计入两相间正应力和切应力的条件下，提出复合材料如下的热膨胀模型：

$$\alpha_c = \alpha_m V_m + \alpha_p V_p + V_p V_m (\alpha_p - \alpha_m) \times \frac{K_p - K_m}{K_m V_m + K_p V_p + \dfrac{3K_p K_m}{4G_m}} \qquad (6-11)$$

式中，G_m 为金属基体切变模量。

复合材料的 CTE 除受增强体含量的影响外，复合材料中 SiC 颗粒的形状、含量、延性相是否连续分布、界面结合状况、残余应力、孔洞以及颗粒的断裂行为都会影响到复合材料的热膨胀行为。延性相是否连续分布是影响 CTE 的一个重要因素[153]。因为随着温度的升高，延性相与脆性相都会膨胀。但延性相的 CTE 一般比较大，且更容易塑性变形。当延性相属于不连续相时，其变形受到周围 CTE 很小的脆性相的约束。孔隙度对 CTE 影响也存在一定的争议。有研究者认为[154]，孔洞在加热时不会产生热应力，这是因为孔隙的刚度为零。因此，孔洞会不可避免地显著降低材料的刚度，但这些孔洞（不管其尺寸、形状和体积分数）的存在，将不会影响 CTE 值。

6.3.2　SiC 粒径对复合材料热膨胀系数的影响

图 6-3 为相同 SiC 体积分数（60%）条件下、具有不同粒度级配复合材料的热膨胀系数随温度的变化曲线。从图中可见，CTE 并没有随着粒径的变化而有显著的改变，这说明 CTE 对 SiC 粒径的大小变化不太敏感。这与 Ma 和 R. Arpon 等人的研究结果是一致的。但是在 SiC 增强体颗粒体积分数一定的情况下，SiC 颗粒粒径对 SiCp/Al 复合材料热膨胀性能的影响目前仍存在一定争议。杨梅君等[155]认为，随着 SiC 颗粒粒径的增大，复合材料的 CTE 变小。分析其原因，认为随着 SiC 颗粒尺寸增大，基体和增强颗粒间膨胀量差值增大，造成基体的内压应力增大，限制了基体伸出，从而导致膨胀系数减小。在相同的体积分数下，如果颗粒较细，则颗粒间距较小；同时由于 SiC 颗粒呈不规则多边形，有较多的尖角，严重阻碍了位错回复，从而使得基体仍保留较高密度的位错，相应的内应力较大，从而使材料中原子能量变高，在相同温度下原子活动能力相应更高，因此，其热膨胀系数更大。

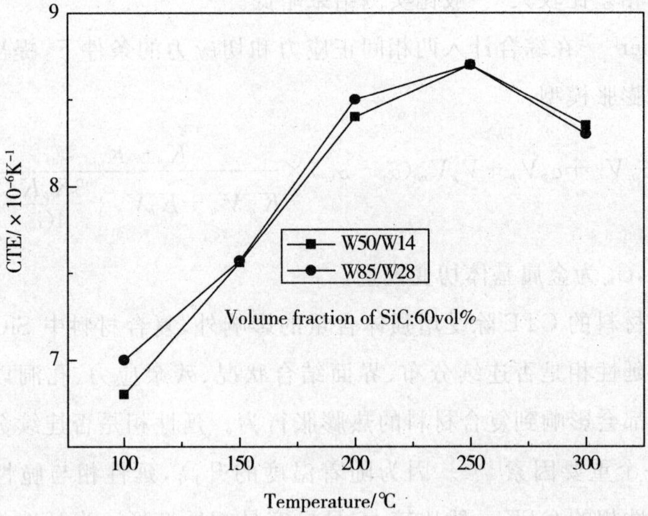

图 6-3　不同 SiC 颗粒级配对复合材料热膨胀系数的影响

图 6-4 为室温至 100℃温度范围内不同 SiC 颗粒体积分数复合材料的 CTE。由图中可以发现，随着 SiC 体积分数的增加，复合材料的 CTE 明显降低；当 SiC 的体积分数增加到 65%后，热膨胀系数只有 $6.7\times10^{-6}\,K^{-1}$，与 Kover 合金的热膨胀系数（$5.3\times10^{-6}\,K^{-1}$）接近，能够很好地满足电子封装材料的性能要求。同时由图可知，实测值更接近 Turner 模型预测值。这是因为铝合金基体被三维连通的 SiC 陶瓷骨架分割在狭小空间，而且两相之间没有孔隙存在，铝合金基体自由剪切变形受到刚性陶瓷的严重抑制，SiC 和金属基体主要在正应力的作用下产生协调一致的变形。而采用挤压铸造工艺制备的 SiCp/Al 复合材料的 CTE 更接近于 Kerner 模型，高于预成型坯渗透工艺制备的复合材料的 CTE。因为 SiC 在挤压工艺制备的复合材料中不是连续的，增强体被连续的铝基体所分割，铝基体在热应力的作用下能发生较大的剪切变形。

在 SiCp/Al 复合材料中，材料的热膨胀主要受铝基体及 SiC 颗粒膨胀行为的共同影响。当温度升高时，铝基体迅速膨胀，而 SiC 颗粒的热膨胀系数较低，对铝基体的膨胀起到一定的限制作用。因此，随着 SiC 含量的增加，其对于铝基体膨胀的限制作用增大，导致复合材料的热膨胀系数下降。所以，要得到热膨胀系数较低的复合材料，应适当增加 SiC 颗粒体积分数。

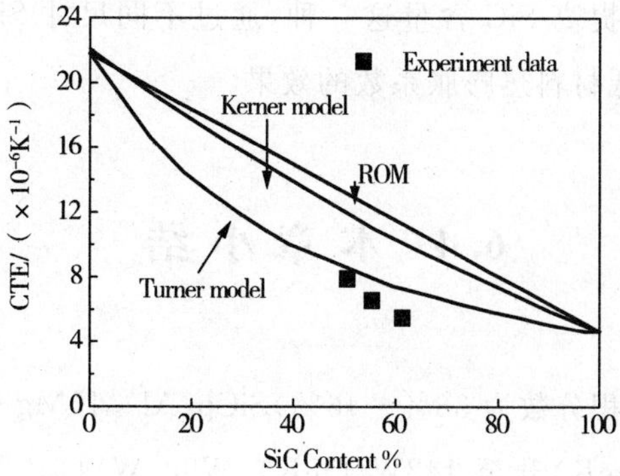

图 6-4 SiCp/Al 复合材料 CTE 实验值与计算值比较

从上面的分析可以得出,高体积分数 SiCp/Al 复合材料热膨胀系数(CTE)的降低主要来自于大尺寸 SiC 颗粒对于铝基体膨胀的限制作用,而小的 SiC 颗粒在复合材料中对于铝基体膨胀的限制作用较小,它主要起填充大尺寸 SiC 颗粒间的空隙、促进材料致密化的作用。

我们已经获得了致密的体积分数为 60% 的 SiCp/Al 复合材料,其中 W85/W28 的比例为 2∶1,材料热膨胀系数为 $8.2\times10^{-6}K^{-1}$,与其他方法制备的复合材料热膨胀系数相差不多[156,157]。考虑到大尺寸 SiC 含量的增加可以降低 CTE,我们进一步将体积分数为 60% 的 SiCp/Al 复合材料中 W85/W28 设定为 3∶1,运用相同的烧结工艺制度得到了致密度为 98% 的样品。经测试,样品的热膨胀系数为 $8.32\times10^{-6}K^{-1}$,与 W85/W28=2∶1 的复合材料热膨胀系数相近,这表明继续增加大尺寸颗粒含量,材料热膨胀系数没有较大变化;而当大尺寸含量增加时,原始粉末内孔隙会增加,样品的致密化会受到影响。故我们认为对于采用颗粒级配的样品中,取 W85/W28 为 2∶1 较为合适。图 6-5 为 W85/W28=2∶1,体积分数为 60% 的 SiCp/Al 复合材料的金相组织。由此可以认为,降低材料热膨胀系

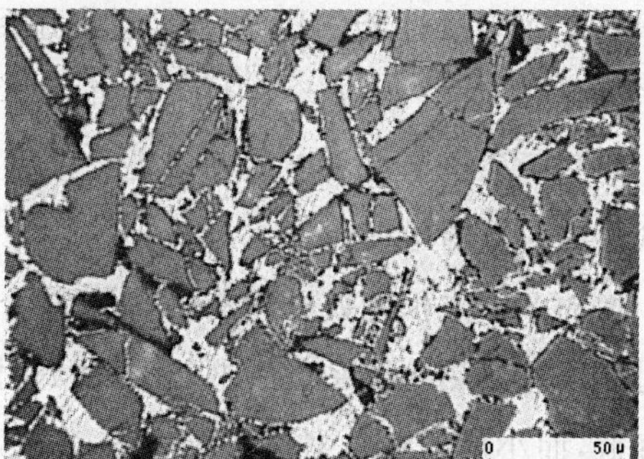

图 6-5 体积分数为 60% 的 SiCp/Al 复合材料的金相组织

数的方法不是只有提高 SiC 含量这一种，通过不同尺寸 SiC 颗粒的合理级配，也可以达到降低材料热膨胀系数的效果。

6.4 本章小结

W85/W28(体积分数为 36%～46%)SiCp/Al－10Mg－8Si 复合材料的热导率从 128W/(mK)升至 142W/(mK)；W50/W14(体积分数为 36%～46%)SiCp/Al－10Mg－8Si 复合材料的热导率从 126W/(mK)升至 139W/(mK)。总体来说，在相同体积含量下，粗颗粒 SiC 增强铝基复合材料的导热率比细颗粒略高。

实验结果略低于 Hasselman and Johnson 模型的预测结果。造成部分测试结果偏低的原因有：(1)所制备的复合材料一般并非全致密体，内部残留的孔隙会对热导率有一定的影响；(2) Hasselman and Johnson 方程中是以增强体颗粒为球形建模的，但实际上碳化硅颗粒为不规则多边形，实际复合材料的界面要比预测的要多，因此用该模型预测出的材料热导率一般要比实际的要略高；(3)采用等效粒径原理并结合 Hasselman and Johnson 方程来预测材料的热导率时，并没有考虑粉末的粒度分布系数对材料的界面面积和实际导热性能的影响。实验中用到的粉末的粒度分布范围都比较大，实际的等效粒径应该要比计算值要略高，因此计算结果比实际结果略低。但基于该模型仍可以预测出复合材料的导热性能随着碳化硅体积分数和碳化硅粒径的增加而增大。

增加 SiC 体积分数可以有效降低复合材料的热膨胀系数。SiC 颗粒尺寸对复合材料热膨胀系数影响较大，大尺寸 SiC 颗粒有利于材料热膨胀系数的降低，而小尺寸颗粒对材料热膨胀系数影响较小，其主要起填充、促进样品致密化的作用。当 SiC 的体积分数增加到 65%后，热膨胀系数只有 $6.7\times10^{-6}K^{-1}$。同时可知，降低材料热膨胀系数的方法不是只有提高 SiC 含量这一种，通过不同尺寸 SiC 颗粒的合理级配也可以达到降低材料热膨胀系数的效果。

第7章 总结及展望

7.1 总 结

高体积分数SiCp/Al复合材料不仅具有高比强度、比弹性模量等优良力学性能,还拥有高导热、低膨胀的热学性能,而且原材料价格低廉,性能可任意裁剪,无论是用做结构件还是功能构件,都具有很大的发展潜力。围绕设计,探求低成本的SiCp/Al复合材料制备工艺,以及无压熔渗反应机理的研究。本文研究了SiC颗粒级配、造孔剂和界面特征等与复合材料性能的依赖关系,采用金相显微镜、扫描电镜(SEM)、透射电镜(TEM)、X射线衍射仪(XRD)、能谱(EDS)等技术分析其渗透过程,深入研究其渗透机理,系统地研究了产物的力学、热学性能,揭示了SiC含量、级配及复合材料的结构等与性能的关系和规律,为研制低成本、高导热的SiCp/Al复合材料提供了实验与理论依据。

全文主要结论如下:

(1)采用SiC粉体自身氧化结合的方法能制备SiC预成型坯。碳化硅发生氧化反应,$Fe(NO_3)_3 \cdot 9H_2O$和$Ni(NO_3)_3 \cdot 6H_2O$受热分解生成Fe_2O_3和NiO;碳化硅粉体因其氧化产生的二氧化硅膜、水玻璃的硬化作用以及$Fe(NO_3)_3 \cdot 9H_2O$和$Ni(NO_3)_3 \cdot 6H_2O$的分解形成的Fe_2O_3、NiO的黏结而聚合在一起,形成陶瓷骨架。SiC粉体间的本征孔隙和$Fe(NO_3)_3 \cdot 9H_2O$、$Ni(NO_3)_3 \cdot 6H_2O$分解后留下的孔隙一起构成一个三维相互连通的、开放的孔隙网络;$Fe(NO_3)_3$分解后在SiC预成型坯中留下的孔隙分布均匀,没有偏聚现象,而$Ni(NO_3)_3 \cdot 6H_2O$分解后SiC预成型坯中有偏聚现象。

(2)在1000℃低温烧结时,由于SiC氧化缓慢,生成的二氧化硅膜既能将SiC黏结成陶瓷骨架,又能保证坯体不发生形状改变。SiC坯体烧结过程中产生 2%~2.5%左右的线膨胀，膨胀量随 $Fe(NO_3)_3$ 含量的增加而增大，通过调整 $Fe(NO_3)_3$ 含量，能获得不同孔隙率的 SiC 预成型坯。通过调整 $Fe(NO_3)_3$ 含量，对于 W85/W28 和 W50/W14 的 SiC 预成型坯，均能获得 35%~46%的孔隙率；预成型坯的抗压强度随着造孔剂含量的增加而增大，如 $Fe(NO_3)_3$ 含量在 10%时，其抗压强度在 180MPa 左右。

(3)以 W85/W28 和 W50/W14 的两组 SiC 粉体为原料，采用氧化结合工艺制备用于无压熔渗的预成型坯。在 950℃、氮气气氛中，能使液态铝合金完全渗入 SiC 预成型坯内颗粒间的所有间隙，达到近完全致密。这主要归因于三个方面的因素：一是 SiC 陶瓷骨架低温烧结能保证其内部孔隙的连通性和开放性。二是多孔材料的内表面无残留，只有 SiC 颗粒氧化形成的致密的 SiO_2 层以及 $Fe(NO_3)_3$ 分解产生的 Fe_2O_3 附着在 SiC 颗粒表面。该氧化膜及氧化物颗粒在液态铝渗入过程中通过界面反应获得液-固两相润湿，促使铝液渗入。三是由于 $Fe(NO_3)_3$ 加热分解生成的 Fe_2O_3 能与铝液发生铝热反应，进一步改善了液-固两相润湿，促进了铝合金液的渗入。液态铝自发渗入后，SiC 预成型坯无任何变形，而且外形尺寸也无变化。SiCp/Al 的尺寸变化主要发生在 SiC 预成型坯的制备过程中，采用渗透工艺具有仿形成型的特点。

(4)通过造孔剂 $Fe(NO_3)_3$ 加入量的变化，能有效调节 SiCp/Al 复合材料中金属和陶瓷的体积百分比。由于在铝液渗入过程中，SiC 固结在骨架中而不能发生相互间的移动，所以无论 SiC 含量高低、颗粒的大小，SiC 颗粒在最终的复合体系中分布高度均匀。由于 SiC 坯体内孔隙堵塞或局部异质污染都有可能导致该区域无法渗透，会使最终的复合材料中含有微孔。

(5)铝基体中引入高体积分数的 SiC 增强体后强度显著提高，抗弯强度都在 300MPa 以上，最高达 381MPa。抗弯强度并不随着 $Fe(NO_3)_3$ 添加量的增加而单调增加，而表现出先增后减的趋势。粗颗粒预成型坯渗透得到的复合材料强度略高于细颗粒配比。但总体上，材料的强度随增强体含量的改变而波动的幅度不大。

(6)采用 SiC 预成型坯渗透液态铝合金工艺制备的 SiCp/Al 具有两相互通的特性，由于陶瓷的刚度远大于铝基体，所以陶瓷骨架是承载的主体，材料断裂以脆性断裂为主。裂纹走向主要沿着 SiC - Al 分界面、SiC 与 SiC 间较脆弱的烧结颈扩展。延性的金属由于被 SiC 颗粒分隔在狭小的颗粒间隙，其在裂纹扩展过程中产生少量的塑性变形后被撕裂。断面上留下大量 SiC 粒子剥离后留下的颗粒外围轮廓印迹，在相邻 SiC 粒子轮廓之间是铝基体的突起，形成类似韧窝的形貌。

(7) W85/W28(体积分数为 36%～46%) SiCp/Al - 10Mg - 8Si 复合材料的热导率从 128W/(mK)升至 142W/(mK)；W50/W14(体积分数为 36%～46%) SiCp/Al - 10Mg - 8Si 复合材料的热导率从 126W/(mK)升至 139W/(mK)。总体来说，在相同体积含量下，粗颗粒 SiC 增强铝基复合材料的导热率比细颗粒略高。实验结果略低于 Hasselman and Johnson 模型的预测结果。造成部分测试结果偏低的原因有：①所制备的复合材料一般并非全致密体，内部残留的孔隙会对热导率有一定的影响；② Hasselman and Johnson 方程中是以增强体颗粒为球形建模的，但实际上碳化硅颗粒为不规则多边形，实际复合材料的界面要比预测的要多，因此用该模型预测出的材料热导率一般要比实际的略高；③采用等效粒径原理结合 Hasselman and Johnson 方程来预测材料的热导率时，并没有考虑粉末的粒度分布系数对材料的界面面积和实际导热性能的影响。实验中用到的粉末的粒度分布范围都比较大，实际的等效粒径应该要比计算值略高，因此计算结果比实际结果略低。但基于该模型仍可以预测出复合材料的导热性能随着碳化硅体积分数和碳化硅粒径的增加而增大。

(8)增加 SiC 体积分数可有效降低复合材料的热膨胀系数；SiC 颗粒尺寸对复合材料热膨胀系数影响较大，大尺寸 SiC 颗粒有利于材料热膨胀系数的降低，而小尺寸颗粒对材料热膨胀系数影响较小，其主要起填充、促进样品致密化的作用。当 SiC 得体积分数增加到 65%后，热膨胀系数只有 $6.7\times10^{-6}K^{-1}$。同时可知，降低材料热膨胀系数的方法不只是有提高 SiC 含量这一种，通过不同尺寸 SiC 颗粒的合理级配也可以达到降低材料热膨胀系数的效果。

7.2 创新之处

书中首次采用 $Fe(NO_3)_3\cdot9H_2O/Ni(NO_3)_3\cdot6H_2O$ 为造孔剂，利用

$Fe(NO_3)_3 \cdot 9H_2O/Ni(NO_3)_3 \cdot 6H_2O$受热易分解性能起到造孔的作用，提出了由于$Fe(NO_3)_3 \cdot 9H_2O/Ni(NO_3)_3 \cdot 6H_2O$分解时产生大量的气体，而在气体的排逸过程中有一个向外的气压，从而保证了 SiC 预成型坯孔隙的连通性，获得三维贯通气孔的 SiC 预成型坯。

书中提出在熔渗过程中，分解生成的Fe_2O_3与铝合金液发生铝热反应，通过界面反应获得液-固两相润湿，促进了铝合金液渗入。

通过分析无压熔渗反应中各种实验参数对复合材料的微观结构等方面的影响规律，提出了其熔渗反应机理，实现了高体积分数的 SiCp/Al 复合材料在组分、形貌和结构上的可控制备。

7.3 工作展望

根据本书的研究，无压熔渗法是获得低成本、高导热、低膨胀 SiCp/Al 复合材料的优异制备工艺，针对该方法的进一步工艺优化将成为下一步探索的主要方向。

明确 SiCp/Al 复合材料的最佳制备工艺参数，将进一步拓展 SiCp/Al 复合材料的应用领域；下一步可采用化学镀的方法在高体积分数 SiCp/Al 复合材料表面形成结合牢固、光亮、致密、均匀、连续的合金镀层，研究其焊接性能，对 SiCp/Al 复合材料的实际应用进行探讨。

参考文献

[1]彭晓东,李俊,钱翰城．铸造金属基颗粒复合材料[J]．机械,1996,23(01)：44～46.

[2]宋伟．金属基复合材料的发展与应用[J]．铸造设备研究,2004(05)：48～50.

[3]杜寿全．美国复合材料工业展望[J]．纤维复合材料,2000(02)：48～49.

[4]吴树森．日本金属基复合材料的研究与应用[J]．兵器材料科学与工程,1999,22(02)：15～18.

[5]吴人洁．金属基复合材料的发展现状与应用前景：第十三届国际复合材料学术会议专辑[Z]．航空制造技术,2004,19～21.

[6]吴人洁．下世纪我国复合材料的发展机遇与挑战[J]．复合材料学报,2000,17(01)：1～4.

[7]黄强,顾明元,金燕萍．电子封装材料的研究现状[J]．材料导报,2000(09)：28～32.

[8]胡永平,唐启玲,潘复生,等．金属基复合材料的应用现状[J]．铝加工,1998,21(06)：49～53.

[9] Shen Y, Needleman A, Suresh S. Coefficients of thermal expansion of metal-matrix composites for electronic packaging [J]. Metallurgical and Materials Transactions A,1994,25(4)：839～846.

[10]周贤良,吴江晖,张建云,等．电子封装用金属基复合材料的研究现状[J]．南昌航空工业学院学报,2001,15(01)：11～16.

[11] W M. A wide choice of materials for MCMs[J]. Electronic Packaging Production,1997,37(3)：34～38.

[12] C Z. Advanced electronic packaging materials[J]. Advanced Materials & Processes, 2005, 163(10): 33～37.

[13]黄强,顾明元. 电子封装用金属基复合材料的研究现状[J]. 电子与封装,2003, 3(02): 22～25.

[14]龙乐. 电子封装中的铝碳化硅的应用[J]. 电子与封装,2006, 6(06): 16～20.

[15] Bugeau J L, Heitkamp K M, Kellerman D, et al. Aluminum silicon carbide for high performance microwave packages: Procedings of IEEE MIT-S International Microwave Symposium[Z]. USA: 1995: 3.

[16]崔岩·陈续东. 低膨胀、超高模量铝基复合材料及其无压浸渗制备加工技术[J]. 中国有色金属学报,2004, 14(S3): 33～36.

[17]向华,曲选辉,肖平安,等. SiCp/Al 电子封装复合材料的现状和发展[J]. 材料导报,2003, 17(02): 54～57.

[18] J H A. Progress in powder metal composites[J]. Materials Engineering, 1990, 107(1): 33～41.

[19]吴锦波,马晓春. 铸造法制金属基复合材料研究进展[J]. 材料科学与工程,1996, 114(02): 15～18.

[20] Wu Y, Lavernia E. Interaction mechanisms between ceramic particles and atomized metallic droplets[J]. Metallurgical and Materials Transactions A, 1992, 23(10): 2923～2928.

[21]张迎九,王志法,吕维洁,等. 金属基低膨胀高导热复合材料[J]. 材料导报,1997, 11(03): 52～56.

[22]喻学斌,张国定,吴人洁. 真空压渗铸造铝基电子封装复合材料研究[J]. 材料工程,1994(06): 9～12.

[23] W V A. Molten metals MMCs[J]. Advanced Materials and Process, 1991, 33(7): 26～28.

[24]崔岩. 无压渗透法制备高性能 SiCp/Al 电子封装复合材料. 2002 年中国材料研讨会[Z]. 北京: 2002, 1080～1083.

[25] Elomari S, Boukhili R, San Marchi C, et al. Thermal expansion responses of pressure infiltrated SiCp/Al metal-matrix composites[J].

Journal of Materials Science,1997, 32(8): 2131～2140.

[26]Murty B, Thakur S, Dhindaw B. On the infiltration behavior of Al, Al－Li, and Mg meltas through SiCp bed[J]. Metallurgical and Materials Transactions A,2000, 31(1): 319～325.

[27]丁雨田,寇生中,许广济,等. 加压排气渗流法制备高体积分数铝基复合材料[J]. 甘肃工业大学学报,1997, 26(04): 16～21.

[28]Long S, Beffort O, Cayron C. Microstructure and mechanical properties of a high volume fraction SiC particle reinforced $AlCu_4MgAg$ squeeze casting[J]. Materials Science and Engineering A,1999, 269(1～2): 1～23.

[29]罗承萍,隋贤栋,骆灼旋. 石墨、陶瓷颗粒增强的锌铝基复合材料的研究[J]. 铸造,1995, 12(07): 10～13.

[30]Y Nishidaa G O. Modeling of infiltration of molten metal in fibrous perform by centrifugal force[J]. Acta Materials,1999, 47(3): 841～852.

[31]郝远,陈体军,马颖. SiCp/ZA27 复合材料的制备及其力学性能[J]. 特种铸造及有色合金,2002(S1): 49～51.

[32]樊云昌,任德亮,齐海波,等. SiCp/Al 复合材料搅拌铸造制备工艺的研究[J]. 铸造技术,1999(02): 41～43.

[33]刘兴江,曹丽云,王建中. 脉冲电场作用下 SiCp/2014 颗粒增强铝基复合材料的制备[J]. 轻合金加工技术,2002(04): 45～46.

[34]石广新,王利国,王海龙,等. SiCp/Al 复合材料研究进展[J]. 河南建材,2005(01): 16～18.

[35]熊德赣,刘希从,赵恂,等. 铝碳化硅复合材料 T/R 组件封装外壳的研制[J]. 电子元件与材料,2003, 22(02): 17～19.

[36]Cooka A J, Werner P S. Pressure infiltration casting of metal matrix composites [J]. Materials Science and Engineering A,1991, 144(1～2): 189～206.

[37]Jacobson, D. M. Ogilvy, A. J. W. Leatham. A new lightweight electronic packaging technology based on spray-formed silicon-

aluminum : International Symposium on Advanced Packaging Materials [Z]. Braselton, GA : 2000, 295～299.

[38]平延磊，贾成厂，曲选辉，等．SiCp/Al 复合材料的研究方法现状[J]. 粉末冶金技术，2005，23(04)：296～300.

[39]甘永学．铸造铝基复合材料研究的进展[J]. 轻合金加工技术，1994，20(12)：6～12.

[40]T B J. A new infiltration process for the fabrication of metal matrix composites[J]. SAMPE Quqarterly, 1989, 34: 8～17.

[41]Pech-Canul M I, Makhlouf M. Processing of Al - SiCp Metal Matrix Composites by Pressureless Infiltration of SiCp Preforms [J]. Journal of Materials Synthesis and Processing, 2000, 8(1): 35～41.

[42] Lee K B, Sim H S, Kim S H, et al. Fabrication and characteristics of AA6061/SiCp composites by pressureless infiltration technique[J]. Journal of Materials Science, 2001, 36(13): 3179～3184.

[43]秦振凯．无压浸渗制备双尺寸颗粒 SiCp/Al 电子封装材料的研究[D]. 西安：西北工业大学，2005.

[44]Leszek Hozer, Lee J, Chiang Y. Reaction-infiltrated, net shape SiC composites[J]. Materials science and engineering A, 1995, 195(22): 131～143.

[45]L. Hozer, Chiang Y. Reactive-infiltration processing of SiC-metal and SiC-intermetallic composites[J]. Journal of Materials Research, 1996, 11(9): 2346～2357.

[46] X. M. Xi, L. M. Xiao, Yang X F. The mechanism of spontaneous infiltration of Al-Si alloy into SiC perform in air[J]. Journal of Materials Research, 1996, 11(4): 1037～1044.

[47]任淑彬，何新波，曲选辉，等．电子封装用高体积分数 SiCp/Al 复合材料的制备[J]. 北京科技大学学报，2006，28(05)：444～447.

[48]Z. P. Luo, Y. G. Song, Zhang S Q. A TEM study of the microstructure of SiCp/Al composite prepared by pressureless infiltration method [J]. Script Materials, 2001, 45(10): 1183～1189.

[49]Z. Y. Zhong, H. Saka, T. H. Kim, et al. Thermophysical properties of aluminum Infiltrated Silicon Carbide for Electronic Packaging [J]. Materials Science Forum, 2005, 475～479: 1755～1758.

[50]崔岩,耿林,姚忠凯．SiCp/6061Al复合材料的界面优化与控制[J]．中国有色金属学报, 1997, 7(04): 159～162.

[51]Zhang Qiang, Gaohui W, Guoqin C, et al. The thermal expansion and mechanical properties of high reinforcement content SiCp/Al composites fabricated by squeeze casting technology [J]. Composites: Part A, 2003, 34: 1023～1027.

[52]于家康,周尧和．混杂2D-C/Al电子封装复合材料的设计与制备[J]. 中国有色金属学报, 2000, 10(S1): 1～4.

[53]Gu X F, Zhang L M, J Y M, et al. Fabrication by SPS and thermophysical properties of high volume fraction SiCp/Al matrix composites [J]. Key Engineering Materials, 2006, 313: 171～176.

[54]SHEN Xiaoyu, REN Shubin, HE Xinbo. Study on methods to strengthen SiC preforms for SiCp/Al composites by pressureless infiltration[J]. Journal of Alloys and Compounds, 2009, 468(1～2): 158～163.

[55]Karl S, Somers A V. Method of Making porous ceramic articles [Z], 1963.

[56]朱新文,江东亮．有机泡沫浸渍工艺——一种经济实用的多孔陶瓷制备工艺[J]. 硅酸盐通报, 2000(03): 45～51.

[57]Washboume. Colin Catalyst Carriers [Z], 1976.

[58]E. Sundermann, Viedt J. Method of manufacturing ceramic foam bodies[Z], 1973.

[59]吴皆正,易石阳,欧阳琨．可控微米级多孔陶瓷的研制[J]. 硅酸盐通报, 1993(03): 4～9.

[60]Lyckfeldt O, Ferreira J M F. Processing of Porous Ceramics by Starch Consolidation[J]. Journal of Europe Ceramic Society, 1998, 18(2): 131～140.

[61]Liu D. Control of pore geometry on influencing the mechanical property of porous hydroxyapatite bioceramic[J]. Journal of Materials Science Letters, 1996, 15(5): 419.

[62]A B D F, A R K B, Zimmermann A. Evolution of defect size and strength of porous alumina during sintering[J]. Journal of Europe Ceramic Society, 2000, 20(14~15): 2561~2568.

[63]徐振平,郭敏. 一种孔径分布能控制的多孔陶瓷[J]. 硅酸盐通报, 1996(04): 50~52.

[64]孙宏伟,谢灼利,郑冲. 微孔 $\alpha-Al_2O_3$ 陶瓷膜管的制备与性能[J]. 无机材料学报, 1998(05): 698~702.

[65]张华民,王志群. 无机分离膜的研究现状与发展前景-Ⅰ. 无机分离膜的制备与表征[J]. 无机材料学报, 1993(01): 1~11.

[66]朱承翔,路庆华. 从 SCIENCE 和 NATURE 文献看多孔性材料制备的最新动态[J]. 化工新型材料, 2001(01): 22~25.

[67]Ohzawa Y, Hoshino H, Fujikawa M, et al. Preparation of high-temperature filter by pressure-pulsed chemical vapour infiltration of SiC into carbonized paper-fibre preforms[J]. Journal of Materials Science, 1998, 33(21): 5259.

[68]S H L, T L H. Pore structure modification of porous support by PPCVD: A technique to Reduce permeability loss[J]. Journal of Chinese Instition of Chemistry and Engineering, 1999, 30(3): 189~197.

[69]Greil P, Lifka T, Kaindl A. Biomorphic cenular silicon carbide ceranlics from wood: I. Processing and microstructure[J]. Journal of Europe Ceramic Society, 1998, 18(14): 1961~1973.

[70]Zhang Y, Hu L, Han J, et al. Freeze casting of aqueous alumina slurries with glycerol for porous ceramics [J]. Ceramics International, 2010, 36(2): 617~621.

[71]Omatete O, Janney M A, Strehlow R A. Gel casting - a new ceramic forming process[J]. American Ceramic Society bulletin, 1991, 70(10): 1641~1650.

[72]German R M. Powder Injection Molding[Z]. 曲选辉. 长沙：中南工业大学出版社，2001.

[73]陈康华，包崇玺，刘红卫. 金属/陶瓷润湿性(上)[J]. 材料科学与工程，1997(03)：7～11.

[74]陈康华，包崇玺，刘红卫. 金属/陶瓷润湿性研究的综述[J]. 材料导报，1997(02)：1～5.

[75] Johnson W B, Sonuparlak B. Diamond/Al metal matrix composites formed by the pressureless metal infiltration process[J]. Journal of Materials Research, 1993, 8(5): 1169～1173.

[76]Travitzky N A. Microstructure and mechanical properties of aluminia/copper composites fabricated by different infiltration techniques [J]. Materials Letters, 1998, 36(1～4): 114～117.

[77]Konopka K, Olszówka-Myalska A, Szafran M. Ceramic-metal composites with an interpenetrating network[J]. Materials Chemistry and Physics, 2003, 81(2～3): 329～332.

[78]陈康华，包崇玺，刘红卫. 金属/陶瓷润湿性(上)[J]. 材料科学与工程，1997(03)：7～11.

[79]吴锦波，马晓春. Al-SiC系润湿性与界面现象的研究[J]. 材料科学与工程，1994(01)：37～41.

[80]Ferro A C, Derby B. Wetting behaviour in the Al - Si/SiC system: interface rections and solubility effects[J]. Acta Metallurgical and Materials, 1995, 43(8): 3061～3073.

[81]张永俐. Si对SiC-Al系统浸润行为的影响[J]. 材料科学与工程，1994(02)：16～23.

[82]Lai S W, Chung D L. Fabrication of particulate aluminium-matrix composites by liquid metal infiltration[J]. Journal of Materials Science, 1994, 29(12): 3128.

[83]Narciso J, Garcia-Cordovilla C, E L. Effects of temperature on pressure infiltration of packed SiC particulates by liquid alnuminum[J]. Journal of Materials Science Letters, 1995(14): 1144～1146.

[84]Viala J C, Bosselet F, Laurent V, et al. Mechanism and kinetics of the chemical interaction between liquid aluminium and silicon-carbide single crystals[J]. Journal of Materials Science, 1993, 28(19): 5301.

[85] Aghajanian M K, Rocazella M A, Burke J T, et al. The fabrication of metal matrix composites by a pressureless infiltration technique[J]. Journal of Materials Science, 1991, 26(2): 447.

[86] Brandes E A, B B G. Metals reference Book [M]. Boston: Butterworth - Heinemann, 1992, 8～23.

[87] L. S, M. S, G L J. Influence of particle oxidation on age-hardening behavious of as fabricated and remelted SiC reinforced Al - 1% Mg alloys [J]. Journal of Materials Science and Engineering, 1991, 177A: 173～183.

[88]Pai B C, Ramani G, Pillai R M, et al. Role of magnesium in cast aluminium alloy matrix composites[J]. Journal of Materials Science, 1995, 30(8): 1903.

[89] Hou Q, Mutharasan R, Koczak M. Feasibility of aluminium nitride formation in aluminium alloys [J]. Materials Science and Engineering A, 1995, 195: 121～129.

[90]Pech-Canul M I, Katz R N, Makhlouf M. Optimum conditions for pressureless infiltration of SiCp preforms byaluminum alloys [J]. Journal of Materials Processing Technology, 2000, 108(1): 68～77.

[91] Kevorkijan V M. The reactive infiltration of porous ceramic media by molten aluminum alloy [J]. Compos sites Science and Technology, 1999, 59(5): 683～686.

[92]Rodríguez-Reyes M, Pech-Canul M I, Parras-Medécigo E E, et al. Effect of Mg loss on the kinetics of pressureless infiltration in the processing of Al - Si - Mg/SiCp composites[J]. Materials Letters, 2003, 57(13～14): 2081～2089.

[93]Xiao L. Reactive infiltration in fabricating silicon carbide composites for electronic packaging[D]. Auburn University, 1998.

[94] F. L Y, L. L S, L C. Effects of SiCp reinforcement by electroless copper plating on properties of Cu/SiCp composites[J]. Powder metallurgy, 1999(2): 147～152.

[95]Asthana R, Rohatgi P K. On the melt infiltration of plain and nickel-coated reinforcements with aluminium alloys [J]. Journal of Materials Science Letters, 1993, 12(6): 442.

[96]张巨先,候耀永,高陇桥,等. 非均匀成核法涂覆改性纳米 SiC 粉体表面研究[J]. 硅酸盐学报, 1998(06): 81～86.

[97]Schneider B, Guette A, Naslain R, et al. A theoretical and experimental approach to the active-to-passive transition in the oxidation of silicon carbide: Experiments at high temperatures and low total pressures [J]. Journal of Materials Science, 1998, 33(2): 535.

[98]刘君武. 高增强体含量的 SiCp/Al 复合材料无压渗透法制备及性能研究[D]. 合肥: 合肥工业大学, 2007.

[99]任淑彬,何新波,曲选辉. 无压熔渗制备 SiCp/Al 复合材料的界面改性研究进展[J]. 材料科学与工艺, 2005(05): 110～114.

[100] Shi Z, Ochiai S, Gu M, et al. The formation and thermostability of MgO and $MgAl_2O_4$ nanoparticles in oxidized SiC particle-reinforced Al－Mg composites[J]. Applied Physics A: Materials Science & Processing, 2002, 74(1): 97.

[101]朱炳琨. 无压浸渗法制备 SiCp/Al 复合材料[J]. 机械工程材料, 1999(02): 32～35.

[102]黄培云. 粉末冶金原理[M]. 北京: 冶金工业出版社, 2000.

[103]Scheideggcr A. E. 多孔介质中的渗流物理[M]. 北京: 石油工业出版社, 1982.

[104]瞿启杰,关绍康. 合金热力学理论及其应用[M]. 北京: 冶金工业出版社, 1999.

[105]王晓冬. 渗流力学基础[M]. 北京: 石油工业出版社, 2006.

[106]Landry K, Eustathopoulos N. Dynamics of wetting in reactive metal/ceramic systems: linear spreading[J]. Acta Materials, 1996, 44

(10)：3923～3932.

[107]Z. L. Shi，J. M. Yang，Lee J C，et al. The interfacial characterization of oxidized SiC(p)/2014Al composites [J]. Materials Science and Engineering A，2001，303(1～2)：46～53.

[108]任淑彬，何新波，曲选惠，等．电子封装用高体积分数 SiCp/Al 复合材料的制备[J]. 北京科技大学学报，2006，28(5)：444～447.

[109]刘君武，郑治祥，王建民，等．SiC/Al 复合材料的自发熔渗机理(英文)[J]. 硅酸盐学报，2007，222(10)：1337～1341.

[110]梅志，顾明元，吴人洁．金属基复合材料界面表征及其进展[J]. 材料科学与工程，1996(03)：2～6.

[111]王基才，尤显卿，郑玉春，等．颗粒增强金属基复合材料的研究现状及展望[J]. 硬质合金，2003(01)：51～55.

[112]Arsenault R J，S P C. Interfaces in metal matrix composites[J]. Scripta Metallurgy，1984，18：1131～1138.

[113]Romero J C，Wang L，Arsenault R J. Interfacial structure of aSiCp/Al composite[J]. Materials Science and Engineering：A，1996，212(1)：1～5.

[114]Geng L，Yao C K. SiC-Al interface bonding mechanism in a squeeze casting SiCw/Al composite [J]. Journal of Materials Science Letters，1995，14(8)：606.

[115]陈贤栋，罗承萍，欧阳柳章．SiCp/ZL109 复合材料中 SiC 的界面行为[J]. 复合材料学报，2000，17(1)：55～57.

[116]罗承萍，隋贤栋，欧阳柳章，等．SiCp/Al-Si 复合材料中 SiCp/Al 的晶体学位向关系[J]. 金属学报，1999(04)：343～347.

[117]郭建，王西科，沈宁福．常规铸造工艺条件下 SiCp/Al-Si 复合材料中的界面反应[J]. 材料工程，2003(12)：18～22.

[118]Shi Z L，Yang J M，C. L J. The interfacial characterization of oxidized SiCp/2014Al composites [J]. Materials Science and Engineering：A，2001，303(1～2)：46～53.

[119]Lee Jae-chul，Ahn Jae-Pyoung，Shim Jae-Hyeok，et al. Control

of the interface inSiCp/Al composites[J]. Scripta Materialia, 1999, 41(8): 895～900.

[120] Lee Jae-chul, Ahn Jae-Pyoung, Shi Zhongliang, et al. Methodology to design the interface in SiCp/Al composites [J]. Metallurgical and Materials Transactions A, 2001, 32(6): 1541～1550.

[121]石峰．无压渗透法制 SiCp/Al 复合材料的研究[D]. 长沙：湖南大学，2001.

[122]P L Z, G S Y, Q Z S. A TEM study of microstructure of SiCp/Al composite prepared by pressureless infiltration method[J]. Scripta Materialia, 2001, 45: 1183～1189.

[123]Konopka K, Olszówka-Myalska A, Szafran M. Ceramic-metal composites with an interpenetrating network[J]. Materials Chemistry and Physics, 2003, 81(2～3): 329～332.

[124]张强，陈国钦，武高辉，等．含高体积分数 SiCp 的铝基复合材料制备与性能[J]. 中国有色金属学报，2003(05)：1180～1183.

[125]R. Arpón, J. M. Molina, R. A. Saravanan, et al. Thermal expansion behaviour of aluminum/SiC composites with bimodal particle distributions[J]. Acta Materiala, 2002, 51(11): 3145～3156.

[126]Zweben C. Metal-matrix composites for electronic packaging[J]. Journal of the Minerals, Metals and Materials Society, 1992, 44(7): 15～23.

[127]张韧，王子良，崔岩．无压浸渗 SiC/Al 的电镀和应用[J]. 电子与封装，2004(05)：26～30.

[128]Rawal S. Metal-matrix composites for space applications[J]. JOM Journal of the Minerals, Metals and Materials Society, 2001, 53(4): 14.

[129]M H. Electronics packaging[J]. Materials and Engineering, 1991, 4: 25～29.

[130]冯端，师昌绪，刘治国．材料科学导论[M]. 北京：化学工业出版社，2002.

[131]曹晓明，武建军，温鸣．先进结构材料[M]. 北京：化学工业出版

社，2005.

[132]杨君友，萧建中，张同俊，等．颗粒复合材料颗粒相/基体相界面结合强度[J]．材料导报，1993(05)：73～75.

[133] Liu H，H. S F. Effect of covering flux on the mechanical properties of SiC particle reinforced Al－Si－Mg composites [J]．AFS Transactions，1993，101：739～747.

[134]王莺，周元鑫，夏源明．SiC 颗粒增强铝基复合材料冲击拉伸力学性能的试验研究[J]．材料科学与工艺，1998(03)：2～7.

[135] Mcdanels D. Analysis of stress-strain，fracture，and ductility behavior of aluminum matrix composites containing discontinuous silicon carbide reinforcement [J]．Metallurgical and Materials Transactions A，1985，16(6)：1105.

[136]邱鑫．挤压铸造 SiCp/AZ91 镁合金复合材料的显微结构与性能[D]．哈尔滨：哈尔滨工业大学，2006.

[137]Thomas D G. Journal of Colloid Science，1965，20：267～277.

[138]Hasselman D P H. Effective thermal conductivity of composites with interfacial thermal barrier resistance [J]．Journal of composite materials，1987，21(6)：508～512.

[139]Davis L C，Artz B E. Thermal conductivity of metal matrix composites[J]. Journal of Applied Physics，1995，77(10)：4954～4960.

[140]Maxwell C J. A Treatise on Electricity and Magnetism [M]. Oxford：Clarendon，1873：253.

[141] Davis L G，E A B. Thermal conductivity of metal matrix composites[J]. Journal of Applied Physics，1995，77(10)：4954～4961.

[142]Geiger A L，Hasselman D P H，Welch P. Electrical and thermal conductivity of discontinuously reinforced aluminum composites at sub-ambient temperatures[J]. Acta Materialia，1997，45(9)：3911～3914.

[143] J. M. Molina，M. Rhême，J. Carron，et al. Thermal conductivity of aluminum matrix composites reinforced with mixtures of diamond and SiC particles[J]. Scripta Materialia，2008，58(5)：393～396.

[144]C. A. Steidel, R. C. Sundahl, Grayeli N. Materials science and the electronic packaging roadmap[J]. Materials Research Society, 1995, 390: 3～8.

[145]Geiger A L, Hasselman D P H, Donaldson K Y. Effect of reinforcement particle size on the thermal conductivity of a particulate silicon carbide-reinforced aluminium-matrix composite[J]. Journal of Materials Science Letters, 1993, 12(6): 420.

[146]喇培清,许广济,丁雨田. 高体积分数粒子型铝基复合材料热膨胀性能的研究[J]. 复合材料学报, 1998(02): 7～12.

[147]Geng L, Ochiai S, Wang B, et al. Effect of whisker volume fraction on the coefficient of thermal expansion and thermal conductivity of SiCw/6061Al composites[J]. Journal of Materials Science Letters, 1998, 17: 403～409.

[148]张迎九,王志法,吕维洁,等. 金属基低膨胀高导热复合材料[J]. 材料导报, 1997(03): 52～56.

[149]Balch D, Mortensen A, Suresh S, et al. Thermal expansion of metals reinforced with ceramic particles and microcellular foams[J]. Metallurgical and Materials Transactions A, 1996, 27(11): 3700.

[150]Rajendra U, Vaidya, K C K. Thermal expansion of metal-matrix composites[J]. Composites Science Technology, 1994, 50: 13～18.

[151]Turner P S. Thermal expansion stresses in reinforced plastics [J]. Journal of Research NBS, 1946, 37: 239～247.

[152]H K E. The elastic and thermo-elastic properties of composite media[J]. Proceeding of Physics Society, 1963, 69: 802～810.

[153]Shen Y, Needleman A, Suresh S. Coefficients of thermal expansion of metal-matrix composites for electronic packaging [J]. Metallurgical and Materials Transactions A, 1994, 25(4): 839.

[154]W 克莱因 T. ,J 威瑟斯 P. 金属基复合材料导论[M]. 北京: 冶金工业出版社, 1996.

[155]杨梅君. SiCp/Al 电子封装复合材料的 SPS 烧结及性能研究 [D].

武汉:武汉理工大学，2006.

[156]Lee H S, Hong S H. Pressure Infiltration Casting Process and Thermophysical Properties of High Volume Fraction SiCp/Al Metal Matrix Composites[J]. Materials Science and Technology, 2003, 19(8): 1057～1064.

[157]王玉林,万怡灶,成国祥,等. 界面结合强度对 C/Cu 复合材料热膨胀性能的影响[J]. 复合材料学报，1998(01)：84～88.

致 谢

本论文是在导师吴玉程教授的悉心指导和热情帮助下完成的，其中凝聚了吴老师的智慧与辛劳。他严谨的治学态度、深厚的理论修养、求实的科研作风和追求卓越的科学精神不断影响着我，将使我受益终身。三年多的学习生活，从吴老师身上我懂得了如何去做人，如何去做学问，如何提早规划自己的人生以及如何进行详细有序的计划，这些都是我一生引以为豪的宝贵财富。在此，谨向吴老师长期以来给予我的无私培育、教诲和关怀致以衷心的感谢和崇高的敬意。

作者在论文研究工作中得到了程继贵教授、黄新民教授的大力支持，在学习和研究过程中得到了汤文明教授、薛茹君教授、徐光清博士、郑玉春老师、夏永红老师、舒霞老师、王冬梅老师、洪雨老师等的大力支持与帮助，还有材料科学与工程学院实验室的很多老师也在许多方面给予了无私指导和帮助，使作者的实验工作得以顺利进行，在此一并向他们致以诚挚的谢意！

感谢纳米功能材料实验室这个温暖大家庭，感谢汪峰涛、盘荣俊师兄，任榕师姐对我实验和工作方面的关心与帮助。感谢秦永祥、王岩等师弟和郑红梅等师妹的支持和帮助。

感谢合肥工业大学的所有老师和同学，在合工大的学习生活是值得我一生珍藏的宝贵财富。感谢我的家人，正是他们的理解、支持与无私奉献，使我能安心读书和研究，谨以此文表达我对他们的衷心祝福。

王庆平

2010 年 10 月

图书在版编目(CIP)数据

无压熔渗制备高体积分数 SiCp/Al 复合材料及其性能研究/王庆平，吴玉程著．—合肥：合肥工业大学出版社，2012.4

ISBN 978-7-5650-0706-4

Ⅰ.①无… Ⅱ.①王…②吴… Ⅲ.①金属复合材料—研究 Ⅳ.①TB331

中国版本图书馆 CIP 数据核字(2012)第 070020 号

无压熔渗制备高体积分数 SiCp/Al 复合材料及其性能研究

王庆平　吴玉程　著　　　　责任编辑　权　怡

出　版	合肥工业大学出版社	**版　次**	2012 年 4 月第 1 版
地　址	合肥市屯溪路 193 号	**印　次**	2012 年 4 月第 1 次印刷
邮　编	230009	**开　本**	710 毫米×1000 毫米　1/16
电　话	总编室：0551—2903038	**印　张**	8.25
	发行部：0551—2903198	**字　数**	126 千字
网　址	www.hfutpress.com.cn	**印　刷**	中国科学技术大学印刷厂
E-mail	hfutpress@163.com	**发　行**	全国新华书店

ISBN 978-7-5650-0706-4　　　　**定价：20.00 元**